女性最爱做的

180个

心理游戏

姚会民⊙编著

天津科学技术出版社

图书在版编目（CIP）数据

女性最爱做的180个心理游戏/姚会民编著.—天津：天津科学技术出版社，2008.10
ISBN 978-7-5308-4752-7

Ⅰ．女… Ⅱ．姚… Ⅲ．妇女心理学−通俗读物 Ⅳ．B844.5−49

中国版本图书馆CIP数据核字（2008）第128428号

责任编辑：刘丽燕

责任印制：王　莹

天津科学技术出版社出版

出版人：胡振泰

天津市西康路35号　邮编 300051

电话（022）23332398（编辑室）　23332393（发行部）　27217980（邮购部）

网址：www.tjkjcbs.com.cn

新华书店经销

北京合众伟业有限公司印刷

开本　710×1000　1/16　印张21.5　字数250 000

2008年10月第1版第1次印刷

定价：36.00元

前　言
PREFACE

走进一个真实的自己

在古希腊的戴尔菲神殿上，刻着许多智者的箴言，其中有这么一句话：你，了解自己吗？看到这简简单单的几个字，每个来到这里的游人都会驻足凝望、思索良久。了解自己，好像是很简单的一件事情，可真的如此吗？

最初接触这个问题的时候，你可能觉得这个问题很好笑？但是当你坐下来独自沉思时，当你坐在镜子前注视着自己时，你或许会问："我是谁？我到底是一个什么样的人呢？我真的认识自己、了解自己吗？"

其实，了解自己是一个古老而永恒的话题，尤其是生活在这个复杂而多变的世界当中，我们常常会在人生的十字路口驻足、徘徊，以致最后陷入困境，迷失自我，使心灵饱受折磨。尤其是现代社会的女性，她们是流行和时尚的领跑者，构筑成生活中的一道道耀眼的风景。但是亮丽风景的背后，难免会有几多迷惑？

我们知道，情感生活占据了女性生活中的重要位置，但是情的起伏、性的困惑、归宿的迷茫，使身处情感漩涡中的女人几多彷徨，几多疑虑。究竟什么是爱情？究竟什么是婚姻？究竟谁是自己心目中的白马王子？究竟谁最终能够与自己共度一生？

穿梭在时尚和流行之间，你对时尚无动于衷，还是做了时尚的奴隶？你对时尚能否取精去芜，自己的性格气质和内在精神追求，从时尚中升华而出？你能否发现自己身上最耀眼的光芒，尽情展示自己的独特魅力？相信这些都是每一个爱美的女性十分关注的问题。

不可否认，成功，是所有人都在追求的目标，但是要成功就必须有资本。相比而言，很多人都认为男人有勇气，有胆识，有魄力，有拿得起放得下的豁达和洒脱，但女人就缺少这些资本。其实不然，女人也有属于女人的独特，女人也一样拥有成功的资本，诸如高情商、高职商、高财商。那么，作为女人，你发现自己身上这些独特优点了吗？

本书中的"心理测试"就是一把解开这些问题的"钥匙"，它能够帮助你找到答案，并且与众不同。当你看到测试答案时，或许你会恍然道："原来我是这样的！"而此时的你定会发现一个全新的自我，找到迷宫的出口，从而拥有一片更加广阔的天空。

那么，你，准备好了吗？

从现在开始，揭开书页——一切都变得不再神秘。

目 录
CONTENTS

1 图解测试篇
——解密女人最真实的世界

　　你做过这样的测试吗？通过图画来探寻自己的心理。其实，图画是最有效的直达人内心的工具之一。生活中，人们常常能够通过对图画的构思或者介绍，对自我进行深刻剖析。在享受图画带来愉悦的同时，对自己也多了一份了解。而且，从某种意义上来说，每个人都是天生的作画者，天生的解读者。那么，你想不想做一下图画心理测试呢？不妨拿起手中的笔，满足一下自己的好奇心。

2 女性情感篇
——探索女人最心动的感觉

第一章 他是不是你的Mr.Right

执子之手，与子偕老。不管你是否相信缘分，作为一个青春烂漫的女孩儿，你肯定渴望遇到那个能够与你共度一生的Mr.Right。你会对谁一往情深，你心目中的白马王子又是什么模样？他是个活泼开朗的阳光大男孩，还是稳重成熟、彬彬有礼的绅士？你会在街角的拐弯处遇见他，还是他会出现在你经常去的咖啡厅？你肯定很渴望知道这些问题的答案吧，那么，就动一下你手中的笔，来做下面的测试吧！

第二章　你和他缘分有几何

柏拉图曾经说过："当爱神拍你的肩膀时，就连平日里那些不知道诗歌为何物的人，也会在突然之间变成一个诗人。"很多人都知道，缘分是可遇而不可求的。因此，缘来的时候，就应该学会好好地珍惜这份缘分；而一旦缘分尽了，也只能淡然地潇洒地说声"好走"。俗语云"百年修得同船渡，千年修得共枕眠"，在爱情中，你与他的缘分又有几何呢？

第三章　爱情中，你是哪种角色

泰戈尔如是说："爱就是充实了的生命，正如盛满了酒的酒杯。"每个女人的生命中，都不能够也不应该缺少爱情，否则她的生命会如同一口枯井，了无生趣。可是，面对爱情，你是坦然以对，还是被它冲昏了头脑？你的爱情EQ有多高？你在其中到底扮演一个什么样的角色？也许，测试会帮你解开这个谜！

第四章　该怎么看待自己的婚姻

生活中，每个女人都羡慕神仙眷侣般的夫妻生活，都希望自己能够成为幸福童话中的女主角。塞缪尔曾经说过："婚姻的成功取决于两个人，而一人就可以使它失败"。长期的婚姻生活中，磕磕绊绊在所难免，有时候甚至会影响到婚姻的质量。只是，身为女人，你能够驾驭自己的婚姻生活吗？

第五章 学会享受"性"福生活

性，无论是为了生殖还是为了欢娱，都能够给人带来回味，带来满足，带来期盼。它是人的一种本能追求，可以使身体更健康，婚姻更美满，生活更浪漫。现代社会中，不管是传统、保守、腼腆、矜持的女性，还是向来就具有独立地位和权力的男性，他们都一样拥有追求性爱的权利。弗洛伊德曾经说过："禁欲的生活是不可能的。"因此，人们所应该做的就是轻松享受"性"的乐趣。

3 女性魅力篇
——发现女人最耀眼的光芒

第一章　性格，你了解多少

现实世界中，人与人的性格是不尽相同的，正如同世界上没有两片相同的树叶一样，世界上也不存在性格完全相同的两个人。观察我们身边的每一个人，不难发现，有的人成熟稳重，有的人暴躁冲动，有的人热情开朗，有的人冷漠淡然，有的人客观理性，有的人主观武断……那么，你认识自己的性格吗？

第二章　你是个会说话会办事的女人吗

现代社会是一个开放而广阔的社会，人际关系的重要性不可忽视。身为女性，不管你身处职场，是一个风光的职业女性，还是待在家里，做一个全职的家庭主妇，交际都是不可避免的。那么，在交际中，你能够处理好社交中的每一个环节吗？你能够把每件事情都办得妥妥帖帖，把每句话都说到人的心坎里吗？不妨通过本章的测试，来对自己做一个综合评价。

第三章　你是个情绪化的女人吗

生活中，每个女人都会遇到不如意的事情。有的女人会为此大发雷霆，结果事情并不会因你的愤怒而得到解决，反而会变得更糟。而有的女人则是每临大事有静气，可以很好地掌控自己的情绪，她们往往会峰回路转，立于不败之地。因为情绪是天使与魔鬼的综合化身，调控得好，常常会助你一臂之力，反之则会给你带来霉运。生活中的你，是怎样一个情绪化的女人呢？

第四章　你的魅力有几分

魅力是女性的综合指数，是从女性的身体内部和心底深处自然而然地涌动、喷发、流露出来的一种气韵，是一个人在性格、气质、能力、道德品质等方面吸引人的力量。生活中，你有没有让人惊艳的美丽和超凡的魅力？你知道如何让自己成为人群中最耀眼的焦点吗？那么，走进本章的测试吧，帮你发现一个不一样的自己。

4 女性资本篇
——挖掘女人最深刻的潜质

第一章　测一下你的EQ有多高

传统观点认为，决定人生成败的关键因素是智商，但是现代社会无数成功的事实表明，决定人生命运的80%的因素来自情商，情商才是一个与你的未来成就及幸福密切相关的因素。它是开启心智的钥匙，是获得成功的力量源泉。生活中的你，是一个高情商的女人吗？下面的这个测试，或许会给你一个明确的答案。

第二章　事业，女人也该拥有

　　曾几何时，事业被当作是男人的专利，女人好像与其无缘。但是，随着社会的发展和人们观念的改变，女人越来越多地走出家门，走向职场，开始开创属于自己的一份事业。你有没有这样的野心？有没有创业的DNA？这些心理测试或许能够帮你找到直观深刻的答案，在创业上助你一臂之力。

第三章　做个轻松的职场丽人

　　现代社会，女性已经不满足于在家相夫教子，做个贤妻良母了。可以发现，越来越多的女性开始走进职场，显示"巾帼不让须眉"的魄力。但是你对自己目前的工作满意吗？你能够应付繁重的工作带来的种种压力吗？本章测试或许能够帮助你找到自己工作中的优缺点，让你成为轻松的职场丽人。

第四章　金钱在你生命中有多重

　　当今社会，金钱是衡量一个人成功与否，评价一个人能力高低的重要标准。如何让自己拥有更多的金钱，是每个人孜孜以求的目标。的确，金钱能够让你的生活变得更加优越，能够让你的人生走得更加轻松。但是你有赚大钱的本能和潜力吗？你能成就自己的发财梦想吗？不妨走进本章的测试，或许能帮你洞察你是否有发财的潜质。

图解测试篇——
解密女人最真实的世界

你做过这样的测试吗？通过图画来探寻自己的心理。其实，图画是最有效的直达人内心的工具之一。生活中，人们常常能够通过对图画的构思或者介绍，对自我进行深刻剖析。在享受图画带来愉悦的同时，对自己也多了一份了解。而且，从某种意义上来说，每个人都是天生的作画者，天生的解读者。那么，你想不想做一下图画心理测试呢？不妨拿起手中的笔，满足一下自己的好奇心。

1. 连接电话线——从画看你的沟通能力

情感需要沟通，人际关系也需要沟通，但沟通并不是一件容易的事情，它并不只是听一听、说一说那么简单。正如一位沟通学家所说："成功的沟通者知道，如何沟通和你沟通的内容一样重要。"因为沟通的方式往往会影响沟通的效果，而且在很大程度上影响我们与那些关键人士的关系状况，同时也影响着生活质量。

那么，在生活中，你的沟通方式是什么呢？是含蓄委婉，还是直截了当？不妨动一下你手中的笔，来做一下下面的这个测试吧！下面的这个图，右上方是一部电话机，左下方是一个话筒。请凭第一感觉在电话机和话筒之间随意画上一根电话线。

结果分析

直线型：

如果你连的电话线是从话机直接到话筒，线几乎呈直线的形状，表明在沟通的过程中你通常采用直来直去的沟通模式，不喜欢绕来绕去的兜圈子。如果与人沟通时，对方与你绕弯子，你可能会不顾情面选择离开。

波浪线型：

如果你画的电话线如同是波浪的形状，表明生活中的你是一个浪漫忧郁的女孩子。与人沟通时，尤其是与自己的恋人，你总是十分注重谈话的气氛，如果氛围不对你的口味，则直接影响你与人沟通的心情和结果。

回旋线型：

如果你画的电话线是一连串回旋的小弯，表明你在与人沟通的过程中非常在意沟通的趣味性。在与人沟通的过程中，如果你想告诉别人真正的答案，往往会先准备几个非常奇怪、好玩、充满乐趣的答案。另外，这种类型的女孩子防御性较强，而且善于掩饰自己。

逃逸线型：

所谓逃逸是指你画的电话线根本没有把电话机和话筒连接起来。画这种电话线的女孩子，在最近一段时间内肯定遇到了非常棘手的问题，想解决却又找不到解决的办法，即使与对方沟通也无济于事，因而会萌发逃离的念头。

☆温馨提示☆

每个人的心，都像上了锁的大门，没有钥匙，就怎么也打不开。但懂得沟通，则能够以心换心，以情动人，进而打开他人的心门。

2. 设计你的家——由画看婚姻

家庭和婚姻是每个女人生命中不可缺少的一部分，穿上婚纱，与爱人携手走上红地毯的那一刻，就代表你走进了婚姻。而婚姻是女人生命中最复杂、最凝重的一张答卷，它承载着我们的爱情、亲情、友情，包含着尊重、关爱、容忍、珍惜。所以，每个女人都会用一生的精力、心血、智慧找寻最完美、最得体、最圆满的答案来完成它，也会用一生的爱经营它、耕耘它。

那么，你期待什么样的婚姻和家庭？你了解自己的婚姻和家庭吗？你知道婚姻和家庭在你生命中占据什么样的位置吗？你的婚姻道德尺度又是怎样的呢？或许你现在并没有一个明确的答案，但是不妨动手画一张画，它也许会告诉你意想不到的内容。

在一张A4大小的纸上，你必须画上"房屋、山、水、树"，至于其他内容可以根据你自己的需要进行添加。作画的时间最好控制在10分钟之内。

结果分析

首先可以明确一下，在你的画中，房屋代表你对婚姻、家庭寄托的希望；山在潜意识里代表你的工作和事业；水则代表情感；树是心中道德观念的反映。下面是四个被测者所作的画，不妨拿出你作的画与下面的几幅图进行比较，看看最接近哪一幅？

A型：

可以看出图画中树和水的部分线条紊乱，甚至类似狂草，就表示你内心渴望自由自在、无拘无束的生活，但从紊乱的线条中又不难看出你内心涌动着烦恼和不安。另外，可以看到画面中的河水势很大，直流而来，说明你在爱情中试图追求激情，放任自己，但又觉得这种追求中隐藏着危险。

画中的树树冠较大，说明你在婚姻生活中受到道德观念的压抑。从树干上的疤还可以推测出过去的婚姻生活中你可能遭遇过什么不幸的经历。总的来说，画这种图形的人多属于激情不安型。

B型：

这幅画位于纸的中心，给人的第一感觉好像是鸟巢，而且会让人觉得很压抑。画中的房子被山、水、树包围，位于整幅画的中心，不过在河的上方有一条通向家的小桥。因此，画这幅画的人可能希望自己能够沉浸在甜美的爱情当中，但内心却又有着不确定的逃离倾向。可能画图者害怕自己被感情左右，希望能够保留一条客观观察婚姻的途径。画这种类型的人多属于患得患失型。

C型：

存在唯美主义的倾向，另外还可以看出有一定的绘画功底。对于有一定绘画功底的人来说，分析他的画比较困难一些。因为他在画画的过程中，总是力求画得完美，较少受自己情绪的影响。

可以看出，在这幅画中作者是把自己的家安在水中，四个水柱也都与水保持着一定的距离，可能表明作者在爱情中迷失了方向，找不到真实的自我，更把握不住自己内心深处的感觉。同

A型

B型

C型

时，画中房子的倒影孤立而又若隐若现，表现出画者对婚姻情感生活的犹豫不决。总的来说，这种类型的人在婚姻中属于唯美犹豫型。

D型：

可以明显看出，这幅画房屋结构比较丰富，山占据了画中的大部分位置，三棵小树和河流都出现在屋的后方，在画的右上角还画了一个太阳。

从房子来看，它的面积很大，地基好像是石质的，很坚实。象征着画者对稳定婚姻的向往。山和树都是规规矩矩的，象征着画者有着强烈的务实精神，在画者的意识里，婚姻是应该建立在牢固的物质基础之上的，感情倒是其次。再者，这幅画几乎占据了纸的所有位置，而且笔调粗直，略带夸张，可以想象出画者是那种个性张扬的人。总的来说，画这种类型的画的人属于稳定务实型。

D型

☆ 温馨提示 ☆

　　婚姻，是需要用心经营的，明白了自己渴望什么类型的婚姻，知道了婚姻在自己心目中的位置……经营一个家，就不再是一件难事。

3. 导演他人的故事
——发现自己心中的渴望

有的女人平时不拘小节，在爱情生活中却能够做到体贴细腻；有的女人平时看起来温柔可人，但在爱情生活中却是颐指气使。想知道在爱情生活中你是一个什么性格类型的女人吗？赶快进入下面这个有趣的测试吧！

下面是一个常见爱情故事的片断图画，但是顺序被打乱了。如果让你来重新编排这个爱情故事，你会怎么来安排这几幅图画的顺序呢？

场景一：

凉爽的晚风吹拂着河边清脆的垂柳，河水潺潺地流着，远处飘来了类似风铃的响声，对岸的人家已经亮起了温馨的灯光。河边步行道上的灯光将两个年轻人的身影拉得很长，一路上，他们一直在沉默着。

场景二：

"你们在干吗呢？偷偷摸摸地，离开的时候也不说一声。"李峰不知道什么时候从他们两个的身后冒了出来，把张明吓了一大跳。张明和杨柳回头一看，李峰正表情怪怪地站在他们身后，而且又意味深长地说："约会吗？可以光明正大的嘛！还以为你们丢了呢！好了，知道你们两个在一起我就放心了，先回家了啊！"

场景三：

张明和杨柳正说到高兴处，突然杨柳从口袋中掏出一枚硬币，然后她把硬币抛向空中。硬币在空中划了一个优雅的弧线，最后落在了面前的石桌上，张明还没有来得及看见硬币落在哪儿，杨柳就伸手按住，很严肃地对张明说："你猜硬币那面朝上，如果猜对了，这件事就听你的，猜不对就按我的决定来！"

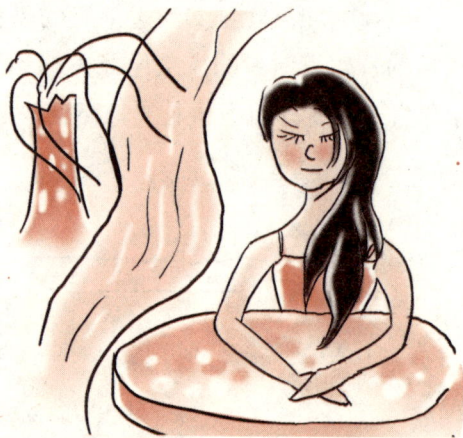

结果分析

可能每个人都会对三个场景进行不同顺序地排列，其实人生就好像是一部戏，每个人都是自己这部戏的导演，而且各有各的不同风格，其中的苦辣酸甜，也只有自己最清楚。那么你会演绎出什么样的人生呢？

把场景一当做故事的第一幕:

这种类型的女人喜爱幻想,属于精神贵族。一般而言,她们非常注重生活中的精神享受,总是希望自己的人生充满戏剧化,渴望自己的人生轰轰烈烈,而不是甘于平庸。另外,这种类型的女人非常喜欢凄婉的爱情故事,骨子深处有种悲剧意识。总之,这种既重感觉又重气氛的女人是生活中的浪漫高手,在异性的眼里也充满了神秘的气息。不过要记住过犹不及,如果一个女人过分看重这些,在别人的眼里就有"造作"之嫌。

把场景二当做故事的第一幕:

这种类型的女人在生活中具有开朗乐观的性格,喜欢活泼热闹的气氛,但极具孩子气,有时会有一些任性。在感情方面,你投入不是太多,因此常被恋人、家人、朋友称作"没心没肺",其实不是你不愿意投入,而是你认为自己的感情还没有定性,如果过分执著和坚持可能会让双方都受到伤害。

把场景三当做故事的第一幕:

这种类型的女孩子是不折不扣的爱情实践家。在爱情中,她们总是把自己看成第一位,非常注重自己在爱情生活中的感觉,以至于在忽略对方的感受。而且,如果你和男友的爱情结束,那么被甩的一定不是你。建议你在生活中偶尔也为自己的男友着想一下,毕竟爱情是两个人之间的事情,长期忽略他的感受,最后你可能也不会得到幸福。

☆ **温馨提示** ☆

每个人都是自己人生的导演,都是命运的把握者。因此,走一条什么样的路,过一种什么样的生活,决定权在你手中。

4. 画想象中的另一半
——了解你喜欢的丈夫类型

生活中，没有结婚的女人，肯定经常在心目中对婚后自己的另一半进行了无数次的遐想；而已经结婚了的女人，心中肯定在想自己的丈夫应该是那种样子，而不是这种样子。那么，不妨来作一幅图画，了解一下你到底喜欢哪种类型的丈夫？

请根据你的想象，在一张A4大小的纸上，画出丈夫在家的样子，关于背景，你可以根据作画的情况自由添加。时间最好控制在15分钟之内。

结果分析

以下各图是从被测者当中选择出的四种比较具有典型意义的图画，可以对照一下你自己的绘画，看看和以上哪个最为类似。

A类型：

从图画中我们可以看出，画中的丈夫正在卖力地拖地，可以想象出这位丈夫在家中肯定承揽了所有的家务。由此我们也不难看出你喜欢的丈夫类型——保姆型丈夫。婚姻生活中，可能你只需要说一些甜言蜜语，丈夫就会在你的迷魂汤下乖乖地洗衣、做饭、打扫卫生。但是如果你的丈夫偏偏不吃你这一套，或者他根本就不喜欢做家务，那么就要看你如何"教化"了。

B类型：

　　仔细观察图画，可以看出图画中的丈夫正悠闲地坐在沙发上翻阅报纸。由此不难发现，你喜欢的丈夫类型是——知书达理型丈夫。婚姻生活中，你希望自己的丈夫温文尔雅，富有学者气息。生活中的你宁愿一个人忙里忙外，也不想要丈夫帮自己做家务，你只希望他利用空余的时间看看书、翻翻报就可以了。你总是心甘情愿地为他做好所有的事情，关心他、照顾他是你的乐趣所在。如果能够娶到你这样的妻子，那你丈夫肯定是世界上最幸福的丈夫了。

C类型：

　　已经深夜12点钟了，画中的丈夫还坐在家里的电脑桌前加班，他一手拿着电话，一手摸着鼠标，忙忙碌碌的样子。可以看出，婚姻生活中，你期盼的丈夫类型是——事业型丈夫。你希望自己的丈夫能够把全部精力都投入工作中去，至于家，你会收拾得井井有条。很明显，你希望的家庭模式就是他主外，你主内，只要他能在事业上出人头地，哪怕你一个人在家中忍受孤独也没关系。

D类型：

整个画面给人的感觉很温馨，夫妻二人穿着情侣装，系着同样的围裙在厨房中做饭。可以看出，你期盼的丈夫类型是——"平权"型丈夫。生活中的你肯定也是一个"平权"主义者，你希望自己能够与丈夫在生活的方方面面都享有相等的权利和义务，而且，你既懂得浪漫又懂得如何抓住现实，希望能够与丈夫分享生活中的每一个时刻。如果碰巧，你的丈夫也是这种类型，那么你们的生活肯定是令人羡慕、嫉妒的精品类型了。

☆ 温馨提示 ☆

神仙眷侣、戏水鸳鸯固然令人羡慕，但是现实中如果能够找到自己喜欢类型的丈夫，和他白头偕老，共度一生，未尝不是世界上最浪漫的事情。

5. 画出你想象中的树
——了解真实的自己

树的成长历程与人的成长历程是非常接近的，因此人们画出的树在某种程度上就蕴含着他自身的一些特点。所以，从每个人画的树来分析，常常可以分析出一个最真实的自己。这个心理测试又叫做鲍姆测验，鲍姆（Baum）在德语中就是指树木。

鲍姆测验是测试者发给被测者一张A4大小的纸和一支铅笔，让他们在纸上画出一棵树。这个测试的特点是测试范围广且简单易行，由于不像人物画那样难以具体的表现，被测者不容易产生抵抗感，并且实施起来非常简单。这个测试在原则上是没有时间限制的。那么，想象一下，如果让你在白纸上画树，你会画出一棵怎样的树呢？

结果分析

图一：结满果实的树

右图是一位女中学生画的画。画中的整棵树居于纸的中央，几乎占据了纸张所有的面积。还可以看出，画中的线条很有速度感，能够让人从中感受到朝气和力量。另外，树干的部分是以平缓的线条从根部向上延伸，上面的部分整个被树叶包围。根部从树干底部平缓地变粗，直至与地面相接。

在学校，这位女生性格开朗，乐于助人，对什么事情都非常热心，她

在学生会担任职务，是班委的重要一员，对学校生活充满了热情。不过，从这个测试我们还可以看出，这个女孩子脾气有些急，有着她这个年龄所特有的想法和思想，譬如相信只要努力，树上就会结满果实。再者，她做事、说话喜欢直来直去，大方利落，坦率正直。

图二：动物依靠的树

这是一幅16岁的高中二年级女生的画。一般而言，树上画动物并不多见，但从某种意义上来说，动物往往代表着一个人的情感、欲望等。可以看出，图二中有很多种小动物，树枝上有一个小鸟巢，鸟巢中有几只嗷嗷待哺的小鸟，鸟巢的不远处，鸟爸爸和鸟妈妈正在辛苦地捉虫子；树干上还有一只可爱的小熊，而且下面的树洞里竟然还有一只正在吃草的小兔子，河边的池塘里有跃出水面的小鱼，还有浮在水面上的鸭子。

不过，这幅画虽然所画的种类繁多，但是给人一种很温暖的感觉，能够让人感觉出其中生机勃勃的生命气息以及和谐相处的美好。可以想象得出，这名女生希望生活中人与人，以及人与自然都能够友好地、和谐地相处。

还有一点我们需要注意，就是画中显示的另一个主题就是依赖。例如，鸟巢中的小鸟依靠着他们的爸爸妈妈，小熊像抱着妈妈一样抱着大树，小兔子躲在风雨都侵袭不到的树洞里……其实这是作者内心深处的反映：她希望家是自己生命中的避风港，能够给自己提供营养和支持。

图三：不对称的冬季腊梅

这是一个21岁的大学三年级女生画的画。她画的是一棵冬季里的腊梅。一般来讲，在鲍姆测试中，画冬季里的树的人很少，因为冬季里的树让人感觉没有活力和朝气，象征着生命力不足。不过，画冬季里的腊梅，就别有一番意味了。腊梅与众不同的是，它只有在冬季才爆发出巨大的生命力，而且开满花的腊梅比长着叶子的腊梅生命力还要旺盛。

此外，我们还应该注意到这棵树左边的树枝明显要比右边的树枝生长得好，因此两边显得极不对称。其实，这种不对称与这名女生自身的成长经历有关，正如树的成长有年轮记录，每个人的画也都能够显示出她的成长历程。在这位女生看来，近年来她自身得到了极大的发展空间，因此画中腊梅的左枝不仅长得高，而且开的花也比较多。此外，这个女生在生活中缺乏自信，因此应该注意这方面的调节。

图四：结苹果的梧桐树

有谁见过梧桐树上会结苹果，但在一位19岁的大学一年级女生所画的树上就有。据她自己介绍，她特别希望梧桐树上能够结出苹果来，因此她就在梧桐树上画了几个苹果。这种树与果实不一致的情况，恰恰反映了作者内心一些不切实际的目标或者说是幻想，也可能是她根本就不知道自己现在需要什么。事实是，她总是生活在自己想象的世界里，不愿接受残酷的事实——梧桐树根本就结不出苹果。

从整体来看，作者的笔触很轻，很淡，也就代表着她在为人处世中谨小慎微，有着强烈的自卑感，缺乏自信。

对于这名女生而言，她现在最需要的就是拿出勇气接受自己，特别是要找出自身的优势，也要认识到自身的劣势和不足。其实，苹果树虽有苹果树的骄傲，但梧桐树也有自己的风姿！

☆ 温馨提示 ☆

由于生活经历不同，成长背景不同，因此每个人所画的树都会有所不同。但不管是哪一种树，它们所表达的成长状况、生命力特点等方面都是相同的。

6．CMI健康调查
——给身心健康多一点关注

现代社会，生活、工作节奏变得越来越快，压力也变得越来越沉重。于是很多人不堪重负，身体健康状况变得越来越差。

CMI（Cornell Medical Index–Health Questionnaire）健康调查表是由美国康奈尔大学的K.Brodmann教授设计的，主要应用于医院以及咨询机构，帮助受测者了解自己的身心健康。不过我们也可以作为一个心理测试来了解一下自己的身心是否健康。

在这个测试当中，受测者可以根据自己的情况对自己提问一些问题，主要包括与身体相关的以及与身体相关的某些症状，回答的形式为"是"或者"不是"。在内容和数量方面没有具体要求。然后结合自己回答的情况，就可以对自己的身心健康有了进一步的了解。

结果分析

下图是一位32岁的白领女士进行的测试，在其进行的测试中，她一共给自己提出了12个问题。测试之后她发现自己有8个问题回答了"是"，由此不难看出她的身体健康状况已经有了很大程度的损害。建议赶快对自身健康状况进行调整，或者到医院求助医生以及心理医生。否则，后果会越来越严重。

1．是否觉得自己的记忆力严重下降？

2．是否动不动就觉得头疼？

3．是不是觉得视力越来越差？

4．是否经常感觉胸闷、发慌？

5．是否觉得吃东西难以消化，胃变得越来越不舒服了？

6．是否经常会发虚汗？

7．肚子上的赘肉是否越来越多了？

8．是否有内分泌失调现象的发生？

9．是否总感觉双腿无力，上楼都会气喘？

10．是否长时间走路，脚心就会疼痛？

11．是否感觉自己有空调病？

12．是否很容易感冒？

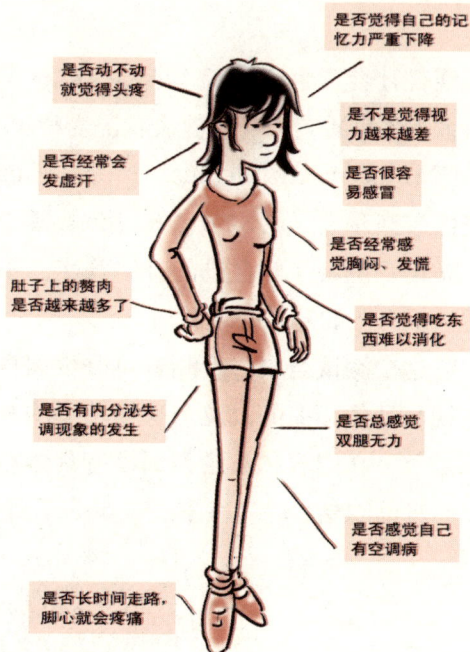

是否动不动就觉得头疼

是否经常会发虚汗

肚子上的赘肉是否越来越多了

是否有内分泌失调现象的发生

是否长时间走路，脚心就会疼痛

是否觉得自己的记忆力严重下降

是不是觉得视力越来越差

是否很容易感冒

是否经常感觉胸闷、发慌

是否觉得吃东西难以消化

是否总感觉双腿无力

是否感觉自己有空调病

　　自己的身体健康状况自己应该了解得更清楚，而自提问题是发现身心疾病的重要线索。为此，你也不妨参照上图，对自己提问一些健康方面的问题，或许会对自己的健康起到些许帮助。

☆ 温馨提示 ☆

　　曾经有人用"1000000000"来比喻人生，其中"1"代表健康，各个"0"代表生命中的事业、金钱、地位、权利、家庭、爱情……纷繁冗杂的"0"充斥了人们的生活，"1"常常被忽略，但"1"一旦失去，所有浮华喧嚣都将归于沉寂。

7. P—F study
——欲求不满时你反应如何

生活中，我们可能经常会遇到这样的事情：走到路上，被经过水坑的汽车溅得满身是泥；一不小心，弄坏了别人心爱的东西等。那么，发生这些事情的时候，你的第一反应是什么？生气、斥责、急躁，还是默默无声？

其实，从这些反应当中我们也可以看出一个人的性格，这就是今天所接触到的P—F study（绘画欲求不满）心理测试。这个测试是以漫画的形式画出不满的情景，然后根据这些反应判断一个人的性格。

P—F study心理测试共有24张画，画中显示的都是我们日常生活中经常接触到的情景，主要包括两类：一是成为被害者而感到不满；二是加害者因为受到被害者的斥责，因良心不安进而感到不满。一般而言，这两类可以通过以下图画来表示。

图画一：

餐厅里，甲端着盛满饭的碗走向座位的时候，不小心碰到了乙，结果饭洒了乙一身。此时乙会有什么反应？

图画二：

办公室里，甲不小心把乙放在桌子上的杯子打破了，看着乙责备的眼神，甲的反应如何？

在这些图画中，感到不满的人旁边有一个空白的对话框，让受测者在对话框中写出这个人可能会有的反应，便可推测出他的性格。

结果分析

下图是一个非常典型的欲求不满的例子，相信生活中我们也会经常遇到这样的事情。假设工作的时候你因事外出，回来之后发现同事正在用你的电脑，她告诉你说："不好意思啊，我的电脑今天中病毒了，没有给你打招呼就先用你的电脑了……"。此时你会有什么样的反应，会做什么样的回答。我们选取测试中A、B、C三种回答，来分析一下他们的不同性格。

A回答说："反正已经用了，用就用吧！"这种人在生活中是随遇而安型，他不会因为一点不满就大发脾气，也不会因为自己取得成就洋洋得意。顺其自然，少惹是非，是他们的生活原则。但这样处事的人很容易丧失生活乐趣。

B回答说："你怎么能够随随便便就用人家的东西呢？用之前你至少也得告诉我一声吧！这应该是做人最起码的礼节。"可以想象，他是一个在任何方面都不肯吃亏的人，如果生活中遇到什么让他不满的事情，首先会把这种不满发泄给别人。建议这种人学会控制自己的情绪，与人宽容就是与己宽容。

C回答说："知道了，你接着用吧！同事之间应该互相帮助的。如果下一次我的电脑也出现问题了，要记得让我用你的啊！"这种类型的人在工作或者人际交往中有良好的人缘，因为他很会说话、做事，不容易得罪人，有时候甚至会主动承担一些责任。因此，很受同事和朋友们的尊重。

☆温馨提示☆

人的性格是很容易被表现出来的，或许你一句不经意的话，一抹不经意的眼神，一个不经意的动作就可以使你的性格尽显无遗。

8. 选你喜欢的图画
——了解你在爱情中害怕什么

生活中，每个女人都想获得真爱，但在追求真爱的过程中，她们有时候却会感到莫名其妙地恐惧。而且每个女人的恐惧并不一样，例如有的女人经历过不幸的爱情，害怕再次遭受痛苦；而有的女人则亲眼看到身边的很多人生活在爱的占有痛苦中，害怕自己有一天也会成为爱人的俘虏……每个女人都有自己的故事，相信这个测试能够帮助你看到你的故事。

图片1

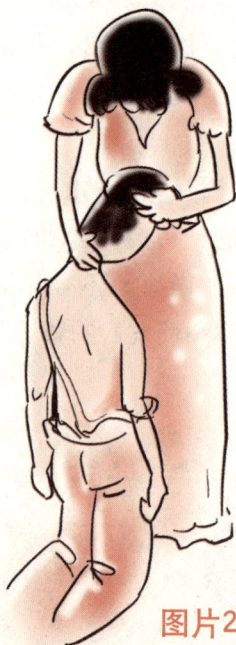
图片2

图片4

图片3

1．假如一个女人曾经的恋人突然回到她的身边，想要和她重新开始，你认为上面的哪个图片最符合这个场景？

★ 图片1　　▲ 图片2　　◆ 图片3　　● 图片4

2．如果在自己身上发生上题中的故事，你会怎样对待这个曾经的恋人？

★ 重新开始

▲ 不理他

◆ 消遣他

● 制造假象，让他以为你一直在等他

3．假如女友想要离开，男人试图劝她留下，你认为上面的哪个图片最符合这个场景？

★ 图片1　　▲ 图片2　　◆ 图片3　　● 图片4

4．如果上题中的女人是你，你和他分手的原因是什么？

★ 对他没有感情了

▲ 他的种种行为说明他想要放弃我

◆ 在一起时间久了，腻了

● 因为他做什么事情好像都不照顾我的感觉

5．女人终于鼓起勇气，告诉男人自己很久以前就爱上别的男人了。你认为上面的哪个图片最符合这个场景？

★ 图片1　　▲ 图片2　　◆ 图片3　　● 图片4

6．如果你是上题中那个女人，为什么会对他不忠呢？

★ 为了报复他的不忠

▲ 相比而言，自己更爱其他男人

◆ 觉得他不值得自己托付终身

● 为了给自己一个全新的生活环境

7．仔细看第一章图片，假如女人真的爱那个男人，原因很可能是什么？

★ 没有他，女人的生命就如同是一潭死水

▲ 为了他，女人已经和家里所有人都决裂了

◆ 因为他能够带给女人生活的希望

● 他能够让女人忘记以往的伤痛

8. 看第二张图片，如果你的男友用这种方式爱你，你会怎么样？

★ 怀疑他对自己的爱

▲ 会窒息而死

◆ 觉得自己是他的玩偶

● 你会彻底变成另外一副样子

9. 看第三张图片上的女人，她一副非常懊悔的样子，你认为她在懊悔什么？

★ 让男人如此担心她

▲ 怎么自己的感情这么脆弱

◆ 怎么会这么笨，竟然会爱上他

● 庸人自扰

10. 从第四张图片上，不难看出女人在反抗，原因可能是？

★ 她觉得男人根本就不理解自己

▲ 她觉得男人根本就看不起自己

◆ 男人的爱让她快要疯掉了

● 不想事事都顺从男人

结果分析

做完试题之后，看一下你选★▲◆●哪个最多，然后看下面的分析。

★ 最多：

爱情中，你最害怕自己遭受到痛苦。一般而言，恋爱的时候，你总是担心自己的恋人会把自己甩了，因此你总是敏感、多疑地对待他，这样反而会给自己增加不必要的负担。建议你正视自己的脆弱，对恋人多一份信任和坦诚。

▲ 最多：

爱情中，你很难相信别人。你认为爱情世界会吞噬天真纯洁的人。如果不保持警惕，就有可能被贬低、被欺骗、被背叛、被玩弄、被掌控……你从来不相信有完美的情感。其实你知道你的另一半对你十分重要，因此在他的开导之下相信你一定能够顺利跨越爱情道路上的障碍。

◆ **最多：**

爱情中，你最害怕失去控制。一般而言，进入一段感情之前，你总是会考虑很久，你想知道你们的感情基础是否坚固，你尤其担心的是你在爱情中会失去控制力，沦为爱情的奴隶。不可否认，有的女人会在爱情中迷失自我，但只要你坚信自己的行动，相信感情的力量，就放任自己去爱吧！

● **最多：**

爱情中，你最害怕的是失去自由。开始一段感情之前，你总是觉得这段感情会禁锢你的自由。因此你虽然想得到爱情的欢愉，但却拒绝它的束缚。躲在这种矛盾的背后，你在感情上就显得极为腼腆，更羞于身体的接触。

☆ **温馨提示** ☆

爱情，带给我们的不应该是恐惧和害怕，因为它是世界上最美妙的一种情感，虽然有时会带给人伤感，但更多的是希望和力量，快乐和幸福。

9. 画张自画像——全面认识自己

　　在希腊一座古老的神殿上，镌刻着这样一句话：你，了解自己吗？看到这简单的五个字，每个来到这里的游人都会驻足凝思，思索良久。认识自己，好像是很简单的一件事情。真的如此吗？其实不然。

　　你认识自己吗？可能你感觉这个问题很好笑？但是当你坐下来独自沉思时，当你坐在镜子前注视着自己时，你或许也会问自己这么一个问题："我是谁？我到底是一个什么样的人呢？我真的认识自己、了解自己吗？"

　　其实，在我们每个人的心里，或清晰或模糊都有一张自画像；而且每个人的自画像都与别人的不一样。毫无疑问，这张自画像就是理想中的自己。而且在这张自画像中会不同程度地融入你对自己的期望，以及你对自我的认识。那么，也请你坐下来为自己画一张自画像吧！在认识别人、认识世界、认识他人之前，先认识一下你自己。

结果分析

图一：女主治医生

　　这是一位高中三年级女生为自己画的自画像，她马上要参加高考。可以看出，她画中的人物是一位女医生，她身穿白大褂，带着头罩和口罩，眼睛中流露出严肃的表情；另外，画中的女医生手持手术刀，站在手术台前，看似正在准备一场很重要的手术。据此我们可以很简单地推测出这名女生心

目中理想的职业是医生，并且她想象中的医生医术精湛，担当着治病救人的重要使命。可以推测，高考后她很可能会报考医学专业。

图二：我是一只飞鸟

这是一位即将毕业的大学四年级女生所作的画，她说人物自画像不足以表达她的心灵世界，而画中向着太阳飞翔的小鸟代表的就是她。画中的群山和白云让整幅画看起来很有气势，也表明鸟已经飞到了一个相当高的高度。同时，鸟正在展翅飞向能够给人温暖和力量的太阳，表明作者需要温暖和支持。从鸟宽大的翅膀来看，表明作者对自己充满信心，相信可以飞得更高，看得更远，直至达到自己追求的目标。因此，通过整幅画我们不难看出，作者有着明确的追求目标，也相信自己能够成功到达。

图三：想要做个潇洒女人

这是一位24岁的公司女职员所作的图画。画中的女孩子，披头散发，一副很潇洒的样子，但这可能影射了在现实生活中，作者工作负担比较重，压力比较大，因此她的潜意识里渴望自己生活得非常潇洒。她在工作中可能有很多想法，但仅仅局限于想，没有去行动。她也可能在"做"与"不做"之间进行过激烈的斗争。再者，她有很多心理苦恼，但不知道怎么发泄。

图四：不想长大

这是幼儿园教师所作的自画像，画中的她扎着两个羊角辫，穿着连衣裙，只是一个三四岁的小孩子。从图画我们很明显看出，这是一个不想长大的女孩子。为此，我们不难理解为什么她会选择幼儿教师这个职业。因为整天和孩子打交道可以保持一颗年轻的心，而且"不愿长大"的心理也得到了极好的维持。但是，在人际交往中如果不能以成人的角色出现，就可能会遭遇挫折。建议作者认清自己已经成人的事实。

☆ 温馨提示 ☆

自画像是每个人对自己形象的描画，与其说它是每个人外貌的自画像，不如说它是内心的写照。

10. 画张动态家族画
——发掘他人眼里的自己

　　一般而言，一个人的自画像只能在一定程度上表现出一个人的自我想象，很难表现出与他人之间的关系。我们知道，生活在这个世界之中，每个人都不是单独存在的，都必须与他人进行交往。因此，他人眼中的自己到底是什么样的呢？这可能是很多人都想知道的问题。你呢，是不是也很好奇？那么就来画一张动态家族画吧。

　　所谓动态家族画是指画一张包括全家人的图画，并且在图画中表现出"家人都在做什么"的动作。一般而言，因为人与人之间的家庭氛围不相同，画出的画也就不会完全一样。被测者需要注意的是，在画的同时你可以根据自己的需要添加一些具体的生活内容。画完之后，提问的一些简单的问题，可作为参考。

结果分析

图一：餐桌上的家人

　　这是一位12岁的女学生所画的动态家族画。可以很明显地看出，她正在和爷爷、奶奶、妈妈共用晚餐，他们边聊天，边吃饭，给人一种很亲切、很温馨、很快乐、很幸福的感觉。
她说，父亲因为工作太忙，一般不在家吃晚饭，因此她就在餐桌上画了四个人。从画面我们可以看出，这是一个十分温馨的家庭，事实也是，因为画画的女孩子生活的非常快乐，她唯一觉得有点遗憾的是爸爸不能够经常陪他们一起吃饭。不

过这并不影响她的健康成长，以后的她肯定能够乐观地对待人生中的坎坷和挫折。

图二：孤单一家人

这同样是一个12岁的女孩子画的画，而与上面那副图画却迥然不同。这幅画很简单，没有任何生活背景，只有毫不相干的四个人，而且这四个人都是在孤立地站着，相互之间好像没有任何联系。其中，这个女孩子站在一个角落里，距离家中的每一个人都很远。最重要的是孩子把这幅图画命名为"孤单一家人"。很显然，这个家庭中缺少上一个家庭的和谐与温馨，而且画中的人物缺少亲情，这个孩子正是在这个家庭中孤单地生活着。这种家庭环境下的孩子，很容易产生心理障碍，会给以后的人际交往带来负面影响。

☆ 温馨提示 ☆

"家"不仅仅是遮风挡雨的地方，"家"还会对孩子的一生产生重大的影响，因为它是孩子学会了解自己和学会做人的地方。

11. 勾画内心的风景——全面剖析自己

在小的时候，我们每个人都有在纸上涂鸦的经历吧！但随着年龄渐渐长大，这份儿时的爱好是不是也被你甩在了脑后。那么，现在不妨重拾这个游戏，静心宁神地画一幅以"家、山、路"为主题的风景画。其实，每一幅主题画的背后，都藏着你内心的秘密。怎么，不信吗？那就来试一下吧！

其实，这个心理游戏很简单，就是要求被测者在一张A4大小的白纸上画一幅风景画，其中必须要包括"家、山、路"，其他景物可以根据自己的需要进行添加。原则是没有时间限制。

结果分析

在分析下面的图画之前，我们可以想象一下"家、山、路"都代表着什么？一般而言，图画中的"家"既可以是我们现实生活中的家，又可以是我们向往的精神家园，它是我们心灵的归宿。"山"常常是一些障碍的象征，它是高大还是平缓，是在家的前方还是在家的后方，有路还是无路，都有一定的意义。而"路"是通道和途径，它可以代表多重意思，例如如果家与外界有路相通，可能代表作者渴望与外界沟通；如果路通向远方，则可能表明作画者有可能实现自己的目标。

图一：石头砌成的家

这是一位17岁的女中学生所作的画。据她自己介绍说，她画出的山是翠绿色的，山上长满了树；在山脚下有一个用石头砌成的小屋，屋的旁边还有一架正在转动的风车。相信看到这样简洁、素朴、明快的图画，谁都会发自内心地喜欢。但是，用灰色的石头砌起来的小屋，则会给人以清冷和孤寂的感觉，而且门前的小路并没有通过栅栏延伸到远方。我们可以据此推测出，在人际交往中作者渴望与人简单相处，但总是难以打开自己的心扉。因此，别人也很难了解到她的内心。不过她正在试图解决这个问题，找一条通向外界的路。

图二：雪地里的家

这是一个12岁的女孩子所作的画，我们很容易就可以看出这是一幅冬天里的场景：徐徐飘落的雪花，白雪皑皑的大山，孤寂清冷的雪人，稀稀落落

的脚印铺就的路，以及山脚下孤立的小屋。因此，我们可以推测出，在作者的世界里缺少关爱和温暖，使她一直感觉自己的生命里过的都是冬天。导致作者有这些情绪的原因，可能是她的家庭缺乏关爱，或者是她的生命中曾经遭受了什么重大的打击，但是她又不知道找谁倾诉自己的苦恼，怎么调节自己的情绪。

图三：城堡似的家

这是一名19岁的大学一年级女生所作的图画，她说她画的主题是"沟通"。从画中我们可以看出，远山的前面，是一座类似城堡的别墅，紧闭门窗的别墅被草坪包围，但是前面却有一条宽阔、平坦的大路，顺着路走到别墅前面，再爬上高高的台阶，才能走到别墅门的前面。根据图画，再结合作者是一名刚刚踏进大学校门的女生，我们不难推测出，作者渴望与人沟通，但是陌生的环境又使她紧闭自己的心门。建议她不要被动地等待别人来敲响自己的门扉，因为与其等待不如自己主动出击，敞开自己的门扉，丰富自己的内心世界，方可获得主动与人交往的能量。

图四：白领女性的家

这是一位25岁的白领女性所作的画。从开着的屋门和窗户可以知道房子里面住着人，而且门前有正在晾衣服的女人，因此画面十分有家的气氛，我们据此也可以推测出作者是一个很在乎家的人。画面中有一条通向家的小道，说明作者希望有人来，也在一定程度上影射了作者的寂寞。另外，我们可以全面地来观察一下这幅画，不难发现，画的整体气氛很和谐，但是整个画面上却只有一个人，未免给人一种很孤独的感觉，也正影射出了这位白领女性内心的寂寞。因此，从整体来推测，可能是这位女性找不到未来努力的方向，看不到未来的路，所以内心很迷茫、很无助吧！

☆ 温馨提示 ☆

每一幅画都是每一个人内心的展示，因为描绘内心世界，语言有时候是苍白无力的，文字又太过于隐晦，只有画才能含蓄委婉地表达出一个人丰富的内心。

女性情感篇——
探索女人最心动的感觉

　　情的起伏，性的困惑，归宿的迷茫，身处情感漩涡中的女人几多彷徨，几多疑虑。究竟什么是爱情？究竟什么是婚姻？究竟谁是自己心目中的白马王子？究竟谁最终能够与自己共度一生？"情感测试"是一把解开这些问题的钥匙，它能够帮你找到答案，并且与众不同。下面的每一个测试都凝聚了心理专家的心血，只要你做出自己最真实的回答，它会给出你准确的测试结果以及有益的建议，有助于你改进爱情的方向，走出爱的漩涡，享受情感带来的甜蜜和幸福。

第一章
他是不是你的Mr.Right

执子之手，与子偕老。不管你是否相信缘分，作为一个青春烂漫的女孩儿，你肯定渴望遇到那个能够与你共度一生的Mr.Right。你会对谁一往情深，你心目中的白马王子又是什么模样？他是个活泼开朗的阳光大男孩，还是稳重成熟、彬彬有礼的绅士？你会在街角的拐弯处遇见他，还是他会出现在你经常去的咖啡厅？你肯定很渴望知道这些问题的答案吧，那么，就动一下你手中的笔，来做下面的测试吧！

1. 看颜色，知恋人

在你想象中，心目中的白马王子一定在脑海中出现很多次了吧？从外表，到内涵，甚至包括你们第一次见面的场景，以及他的穿着打扮，你是不是也都构思过？那么，现在你再来想象一下，你和他第一次见面时，他衣服颜色的主打色会是哪种颜色呢？

A. 黑色　B. 白色　C. 蓝色　D. 红色　E. 灰色

结果分析

选择A：黑色代表沉稳、大气，而且黑色往往能够给人带来丰富的想象力。身着黑色，几乎可以出席任何场合。所以，你心目中的恋人会是充满想象力、富有浪漫情怀的诗人或者艺术家，他总能够给你们的恋情制造一些你意想不到的惊喜和浪漫，而你也会慢慢陶醉在这些惊喜和浪漫之中。

选择B：白色代表纯洁，也在一定上代表你渴望得到一份纯洁无瑕的烂漫爱情。在你的想象中，终有一天，身着白色礼服，高大英俊的王子肯定会邀你共赴异常盛大的舞会。但是，这可能只是你的一个梦想，现实生活中的你，在爱情的道路上屡受挫折。

选择C：蓝色代表休闲和温馨。在你的心目中，白马王子不需要很有钱，如果他能够早上陪你一起晨练，晚上和你一起在夜色中散步，周末的时候能陪你逛街或者出外游玩，你就会心满意足。

选择D：红色代表热情。一般来讲，你喜欢那些交际中表现活跃的男生，因为他往往会带给你一些你从来没有感受过的惊险和刺激。

选择E：灰色给人的感觉是冷，意为低调。你不会刻意要求你的恋人有多出色、多优秀，只要他平平安安、块块乐乐，就是最大的幸福。他之所以会吸引你，可能是因为你们两个有很多共同的爱好吧！

☆温馨提示☆

切记，不管你的他精神面貌、外表风度、气质内涵如何，适合的就是最好的。

---

2. 你和他将会在哪里邂逅呢

在你心里，是不是无数次地想象过你和他邂逅的地点？是在夕阳之下的海滩边，是在放着怀旧音乐的咖啡厅，还是他本来就在你的身边？缘分最终会让你们在哪里邂逅呢？想象一下，如果让你选择一件礼品送给从没谋面的贵宾，你会选择赠送他什么呢？

A. 限量版的CD
B. 名贵的巧克力
C. 自己设计的贺卡
D. 一套世界名著

结果分析

选择A：你是一个喜欢自由的女子，不希望受到现实生活的羁绊，同时你对自己的生命品质要求很高，可以说，你带有一些小资情调。所以，你可能会在街角的咖啡店或者是有品位的音像店邂逅自己的白马王子。

选择B：你还是一个甜甜的小女生，对爱情充满了太多幻想和期待，总认为自己是童话中的白雪公主。因此，充满欢声笑语的游乐场可能是你和梦中情人邂逅的地点。

选择C：你一直都是一个乖乖女，从来不会违背父母或老师的意愿去做一些事情。其实，你的他就在你的身边，说不定他就是那个邻家哥哥，也可能是班里那个经常给你献殷勤的阳光大男孩哦！所以，多注意观察一下，说不定你就会和身边的他擦出爱情火花了呢！

选择D：你具有典型的学院气息，在看书学习之余，你渴望一抬眼就看见心中的那个他。你心里一定渴望邂逅那个在图书馆里伸手与你去拿同一本书的男子吧！

☆ 温馨提示 ☆

不必刻意等待那个在固定地点出现的男子，有时候缘分会让你们在另外的地点相遇。

3. 他是你的白马王子吗

一次外出旅行，不小心走进了一座原始森林，周围传来了各种动物的叫声，你觉得非常恐惧。恰在这时，在你前面不远处有一只动物走过，凭直觉，你认为它最可能是什么动物呢？

A. 一条灵活机警的蛇　　　**B. 可爱的小浣熊**

C. 一头凶狠的野狼　　　**D. 乖巧的小松鼠**

结果分析

选择A： 蛇是智慧的代表，而且灵活机警。选择蛇的女孩子，往往比较欣赏思维敏捷、睿智的男人。因为你希望能够从他身上学到为人处世的技巧和智慧，而且希望通过他来提升自己，并能够与他长期做精神上的伴侣。

选择B： 浣熊是比较乖巧温顺的。选择浣熊的女孩子，希望能够找到一位温柔体贴的男子，你渴望他常常会带你去游乐场，感受童话般的乐趣。最重要的是，你希望他能够包容你所有的缺点和不足，并主动关心发生在你身边的每一件事。

选择C： 野狼是凶狠的，是桀骜不驯的。生活中的你，渴望自己的恋人拥有非常独特的气质，最重要的是外形、表情一定要"酷"。如果有机会遇到这样的男子，你一定会穷追不舍，不追到手，决不罢休。

选择D： 小松鼠会带给人精灵活泼的感觉。做出这种选择的女孩子，肯定是超级喜欢开朗活泼的大男孩，而且你希望这种类型的男孩子能够在你心情郁闷的时候想办法让你的心情变得好起来。

☆ 温馨提示 ☆

不管他是活泼开朗的大男孩，还是外形酷酷的帅男，关键是你喜欢他，他也喜欢你。

4. 一封信测出他的喜好

古语云：士为知己者死，女为悦己者容。和他在一起时，你一定会想自己到底是不是他喜欢的女子呢？怎么样才能取悦他呢？因此，不妨拉上你的他，让他来做下面的这个测试。

假设某天他收到一封信，可能是一封密函，也可能是别人写给他的情书，总之，不可以让你看到。这时，他可能会选择把信藏在哪里呢？

A. 书本里

B. 衣柜中

C. 相框后面

D. 床褥底下

E. 食品盒里

结果分析

选择A：书本是智慧和知识的象征，假如他选择把信放在书本里面，代表着他喜欢见多识广、通情达理的女孩子。一般来讲，他自身就充满着求知欲，因此他渴望自己的另一半也是如此，这样两个人才能够在精神上进行沟通和交流；另外，读书的女子一般都通情达理，善解人意，这点也正是他喜欢的。所以，如果你在这方面欠缺的话，赶快去弥补吧！

选择B：如果他毫不犹豫地就选择将信藏在衣柜中，则代表他喜欢干净整洁的女孩子，他可能不会要求你打扮得多时尚，但是必须素净，一看就是一个很注重自身形象的女孩子。所以，如果你不修边幅，也不注重自己的外在形象，他可能就会很讨厌你的。

选择C：选择把信藏在相框后面的男人，往往对艺术有着极高的兴趣和造诣，所以他也希望他的另一半能够与自己分享。所以，你不妨多参加一些艺术活动，来提高自己的艺术品位，这样才能够更加吸引他的目光！

选择D：选择这个选项的男人，在生活中往往处于被动的地位，但是他却喜欢在各方面都较为主动的女孩子。因为床褥是较为私人的物品，代表着他不习惯与人分享他的心事，但是它内心却渴望有人能够走近他、理解他。

选择E：假如他认为你会把信放在食品盒里，就代表着他是一个颇为保守的男人，做什么事情都求一个"稳"字，如果计划不周全，他是不会行动的。但是，他喜欢对饮食颇有研究的女孩子，最好会做也会吃。

☆ 温馨提示 ☆

在投他所好的同时，千万注意不要把自己的本色给丢了。

5. 如何让喜欢的他"上钩"

如果你无意中知道暗恋很久的男孩子喜欢你的一个好朋友，而且他想让你帮忙说服你的朋友去接受他。这时，你会怎么做？

A. 让他知道你对他的心思，也让他知道你的落寞和伤心

B. 装作若无其事、很大方的样子

C. 和他保持一点距离，把对他的感觉装进心底，成为一个秘密

D. 仍像以前一样去喜欢他，必要的时候还是会帮助他

结果分析

选择A：你肯定是个娇小姐。只要对方足够爱你、疼你，就算他有大男子主义，你也能够接受。遇到喜欢的人时，可以多撒撒娇，故意找他帮忙或是和他做一些他喜欢做的事情，然后找机会谢谢他，约他出来看电影或者吃饭，适当加一些甜言蜜语会更好。

选择B：你是一个成熟稳重的女子，将来肯定是贤妻良母。在事业中，你出类拔萃，多居领导地位，不轻易服输，有时候得罪朋友也不知道。要想吸引意中人的目光就需要让他注意到你的清晰头脑，并且多了解男生的话题，最好先由无话不谈的朋友做起，然后等他上钩！

选择C：你是一个能够与人和睦相处的女子，有着良好的人际关系。在恋爱方面，你的自尊心特别强，而且有着很好的耐力，因此，如果遇到自己心中的白马王子，最适合采用的方法是有条不紊地展开攻势。可以先了解他的基本资料，然后结识他的朋友，同时表现出他喜欢的一面。

选择D：你是一个充满魅力的女子，十分完美。但是，有的时候你会有一点小马虎。如果遇到你喜欢的男子，建议你适当露出一点缺点，适当装笨，因为很多男生都有大男人心态，你太十全十美，他们反而会望而却步。

☆温馨提示☆

有的时候，你喜欢的不一定是适合你的，挑爱人却一定要挑个最适合自己的，只有合适，才能天长地久，相濡以沫！

6. 你相亲的成功率有多高

物质化的今天，能拥有一份真诚纯洁的爱情好像变成了一件非常奢侈的事情。而且很多人认为，相亲早已经过时，无法找到自己的真爱。其实，任何时候爱情都是属于一些有准备的头脑的。那么，你是否适合在月老红娘的牵引下，寻觅出自己今生的有缘人呢？不妨来测一下。

1. 你和朋友约好了去看魔术表演，结果马上就要开场了他还没到。在你不断张望时，前面有个陌生人向你径直走过来，你觉得他可能是：

   A. 魔术表现者　　　　　　　　　　　　　　　（2分）

   B. 可能是认错人了　　　　　　　　　　　　　（1分）

   C. 精神病患者　　　　　　　　　　　　　　　（0分）

2. 进了表演大厅，你发现：

   A. 座位号是双号　　　　　　　　　　　　　　（3分）

   B. 座位号是单号　　　　　　　　　　　　　　（1分）

   C. 竟然发现自己的票掉了　　　　　　　　　　（0分）

3. 在演出的过程中，魔术师请观众上台协助表演，你认为谁最有可能上台：

   A. 小孩　　　　　　　　　　　　　　　　　　（2分）

   B. 老人　　　　　　　　　　　　　　　　　　（1分)

   C. 青年　　　　　　　　　　　　　　　　　　（0分）

4. 你没有想到，戴着面具的魔术师竟然让你与他一起表演。你认为他最有可能给你的道具是：

   A. 一件上衣　　　　　　　　　　　　　　　　（2分）

   B. 一顶帽子　　　　　　　　　　　　　　　　（1分）

   C. 一支鸽子　　　　　　　　　　　　　　　　（0分）

5. 你们一同表演时，魔术师变出了一样东西，你认为最大的可能是：

   A. 什么都没有，而且你的发卡不翼而飞　　　　（2分）

   B. 一副扑克牌　　　　　　　　　　　　　　　（1分）

   C. 一群美丽的鸽子　　　　　　　　　　　　　（0分）

结果分析

把你各个选项的得分相加起来，便是你的总得分。

10分以上：你相亲的成功率高达70％

一般来讲，你对相亲并不热衷，你认为只有通过自然而然地交往，才能够寻觅到自己的真爱。所以，相亲时你会对对方非常坦诚，而且还可能会流露出一种可爱的、慵懒的、别具一格的妩媚气质，让对方感觉跟你在一起很舒畅、自然，难免会对你产生好感。因此，只要情缘有益，你可以稍加努力，这未尝不是一件好事。

5～9分：你的相亲成功率为50％

一般来讲，如果遇到自己喜欢的人，你会幻想着如何与他接近，但是你只是想一下，很难付诸实际行动。这样一来，就很容易和对方产生一定的距离。在你的犹犹豫豫、左右徘徊中，你可能失去了向他表白的最后机会，他可能就会成为别人的情郎。因此，心动不如行动，好好把握机会吧！

0～4分：你的相亲成功率为30％

你生性急躁，缺乏耐心，因此并不太适合相亲。不过，你会认真地对待每一个相亲的对象，因此每一次相亲时，你都会对自己的穿着打扮、言行举止十分在乎，希望能够以此牵动对方的眼球。其实，你主要原因在于自卑，只要你对自己多一点信心，他远去的脚步可能就会在你身边停留。

☆温馨提示☆

爱情是可遇而不可求的，是你的，终究会是你的，不是你的，是怎么也强求不来的。

7. 丘比特之箭会绕过谁

到朋友家做客，午饭之后，为了打发闲暇的时间，有朋友提议要小赌一把。这时你会选择哪一种方式？

A. 打扑克

B. 打麻将

C. 掷色子

D. 大富翁

结果分析

选择A： 你最讨厌那些没有责任感的男人。可以说，你本身就是一个责任感极强的女子，不管是对自己还是对别人，你都会尽到自己应该尽的那份责任，决不会逃避和推脱。因此，你会自然而然地要求你的另一半负有责任感，否则，你会离他远远的，唯恐避之不及。

选择B： 自然条件太差劲，尤其是很难养眼的男人会让你第一眼就排斥。可以说，你是典型的以貌取人。如果对方风流倜傥，英俊潇洒，则往往会吸引你的目光；反之，如果对方长得实在太抱歉，你看都不会看一眼的，更不要提和他交往。

选择C： 性爱技巧太逊色的对象会让你觉得无奈而排斥。不可否认，你认为爱情是每个女性生命中最重要的东西，但是如果缺少性爱，就如同是感情中缺少了润滑剂，所以，如果对方的性爱技巧太过于逊色，即使他的其他条件再好，你也很难能够接受。

选择D： 你最讨厌那些满肚子花花肠子的人。相对而言，你比较中意那些真诚的人，尽管他可能不会说甜言蜜语，但会给你足够的安全感。而且你个性坦率单纯，认为感情世界越简单越好，这样反而会是最甜蜜的。你最不能忍受的就是复杂的感情关系。

☆ 温馨提示 ☆

　　很多时候，某些方面在你的爱情中起着决定性的因素，如果他在这些方面不够理想，则可能会使你直接否定这个人。

8. 撕开白纸看他是什么样的人

　　尽管你们已经交往很久，但是你可能仍会在心底问自己："他到底是一个什么样的人呢，有多喜欢我呢？"那么，不妨来测试一下。你可以将一张白纸交给心仪的他，并叫对方将其撕开。通过看对方撕纸的情况，就可以观察出他是一个什么样的人？

A. 不准备把纸撕开的人

B. 将纸平均撕成两半的人

C. 在纸的一端撕下一小部分的人

D. 将纸分成三到四份的人

E. 将纸撕成很多碎片的人

结果分析

选择A： 他可能是一个不太懂得表现自我的人，难免会对你流露出一种漠不关心的神态，但是在他的内心，对你是非常怜爱的。因此，你不要一味地否决对方对你的爱，要给他一个机会，并引导他学会表达。

选择B： 对方的个人意识比较强，他认为两个人在一起，不应该相互依赖，即使是女性，也不应该依赖自己的丈夫。相对来说，独立的性格比较适合他。

选择C： 他是一个忌妒心比较强的男人，而且多疑。如果你和他已经确定了恋爱关系，你可能会发觉，即使是你和你的同学或者朋友在一起，他也会显出强烈的忌妒心，而且会对你的忠贞表示怀疑。

选择D： 可以肯定，这是一个对你忠贞不渝的男子。即使你们天天在一起，他也会每天晚上给你打电话，如果没有什么要紧的事，他会像糖一般黏着你。但应该注意，甜蜜的背后，请尽量自设私人空间。

选择E. 他是一个超级花心的人。他将白纸撕成很多碎片，代表着他的心有很强的占有欲，而碎片代表女孩子的数目，也在某种程度上代表着他花心的程度。

☆温馨提示☆

他究竟是一个什么样的人，内心对你的爱有几分？相信你自己心里最清楚。

9. 他值得你托付一生吗

你是否正打算和心爱的他共同走进婚姻的殿堂呢？那么，你心中是否会想，他值不值得我托付终身呢？不妨来做下面的这个测试。

你和男友去逛公园，在公园的门口，一个打扮时髦的女孩儿一直看着你的男朋友微笑，并且还和他挥手打招呼。可你的男朋友告诉你说，他实在记不起这个女孩儿是谁了，这时他的心理会认为发生了什么事？

A. 可能只是她认错了人而已

B. 可能是刚才丢了什么东西，被她捡到了吧

C. 反正我不认识，而且她可能不是什么好女孩子

D. 她说不准是个星探呢，正好发现了我

结果分析

选择A：他可能不是太体贴的，但是绝对是个负责任的好丈夫。但是他可能会存在一点大男子主义，决不肯去做洗衣刷碗之类的事情，即使是在你生病的时候。不过，他会毫无怨言地为你处理一些对外的麻烦事。

选择B：他是一个事事都非常顺从你的男子，但是不管在什么方面，总是比较被动，只有在你的指点或者命令之下，才会想起去做某些事情。

选择C：他绝对是世界上最好的丈夫，在生活中会把你照顾得无微不至，而且还会努力挣钱养家。他认为好男人绝对不会让心爱的女人受一点点伤。这样绝版的男人，你一定不要错过哦！

选择D：他是一个自信心很强的男子，但是因为习惯你的照顾，他可能不会帮你做任何家务。不过，在其他方面他很体贴、很合格，心思也很细腻，例如，他可能会在回家的路上给你带一些你最喜欢吃的巧克力。

☆ 温馨提示 ☆

一个女人，一定要找一个可以托付终身的男子，因为从某种意义上来讲，他会给你第二次生命。

10. 为什么他还没有出现

　　你是不是一直都很期待他的出现，却始终未能如愿。那么，是什么原因造成这种结果的产生呢？不妨来测试一下。

1. 你平时是否喜欢吃零食？

   A. 我的嘴巴几乎没有闲过

   B. 偶尔，因为我担心自己的身材会走形

   C. 很少，我不怎么喜欢吃零食

2. 如果有机会，你会选择做那个故事中的女主角？

   A. 白雪公主

   B. 灰姑娘

   C. 睡美人

3. 你平时对美容方面的杂志感兴趣吗？

   A. 十分感兴趣，经常买回来看

   B. 偶尔会翻看一下

   C. 基本不看这类书籍

4. 你是否找过专门的设计师来设计发型？

   A. 经常如此

   B. 很少，大多只是烫染而已

   C. 没有，只要整理整齐觉得好看就可以了

5. 你通常喜欢怎样布置自己的卧室？

   A. 乱乱的可爱的小窝

   B. 喜欢用单一色系来布置

   C. 干净、整洁

6. 你觉得自己是一个很喜欢花钱的女人吗？

   A. 自己是个典型的"月光公主"

   B. 偶尔会乱花钱

   C. 不是，我对金钱有着很好的计划

7. 你觉得找多大年龄的男朋友比较适合你？

A. 比我小的，这样可以不用被他管

B. 比我大的，会感觉比较安全

C. 大小无所谓，关键是两个人彼此相爱

8. 你平常喜欢运动吗？

A. 喜欢，经常会去健身房

B. 偶尔会去操场打打球

C. 不喜欢

9. 学生时代你是否有外出打工的经验？

A. 有，经常会参加一些促销活动

B. 有过做家教和代课老师的经历

C. 没有

10. 如果你突然中大奖了，你会怎么花掉这笔钱？

A. 买很多很多自己想要的东西

B. 捐给慈善机构

C. 不知道怎么处理，找朋友想办法

结果分析

选A得1分，选B得3分，选C得5分，根据你的选择计算你的总得分。

41～50分：

你总是认为自己是一只丑小鸭，严重缺乏自信，因此往往失去很多结识异性的机会。

31～40分：

你本人喜欢做作，在他人看来，你的表现带有一定程度上的虚伪性，因此常常会使异性对你敬而远之。

21～30分：

生活中的你太过于矜持，总希望心仪的他大方一点，主动一点，自己往往处于被动的地位，给人很冷的感觉，他也因此感觉不到你的温暖。

10～20分：

你是一个眼光极高的女子，总是觉得自己会遇到一个各方面都非常优秀的男人，因此在你不断地挑剔中，他们也不断地从你身边溜走。

☆温馨提示☆

美好的事物是靠自己来追求的，他也一样，只有付出真心，方能获得真爱。

11. 青春痘占卜爱情

正处于妙龄青春的你，突然有一天照镜子时发现恼人的青春痘又出来了。有研究者发现通过青春痘是可以预测爱情的。仔细看一下，你脸上的青春痘长在什么位置？

A. 鼻梁上　　　　**B. 眉毛间**

C. 眼睛旁　　　　**D. 鼻头上**

结果分析

选择A：你的爱情运势不佳。鼻梁上出痘子，代表身体状况不太好，说明你这段时间特别容易疲劳。同时你的爱情运也不太好，即使你对自己喜欢的人表白，也可能会遭到拒绝。建议你先把自己的身体养好。

选择B： 你现在处于恋爱最佳期。眉毛间的青春痘代表相思。此时如果你正在恋爱中，则你们的爱情会特别甜蜜；如果还是单身，此时向意中人表白则是最佳良机。

选择C： 你将会得到幸福的爱情。此时，如果有朋友向你介绍对象，由于你的态度积极，你可能会得到幸福的爱情。如果下巴能够再长出一个青春痘，则代表你们的爱情会更深刻、更甜蜜。

选择D： 代表你在爱情中容易被人欺骗。鼻子上长青春痘则代表在爱情中你很容易上当受骗，被并不适合你的异性引诱，你可能向来讨厌他，但是此时会退而求其次地接受他，但之后随着你们之间出现的问题越来越多，你可能就会后悔自己当初的选择。

☆ 温馨提示 ☆

美好的爱情是靠自己来把握的，要想让属于你的爱情天长地久，还需要你用心地呵护和经营。

12. 如果一星期有八天

先人把一星期制定为七天，现在如果有一个机会，让你增加一星期的天数，你最想增加的是星期几？

A. 星期日   **B.** 星期五

C. 星期三   **D.** 星期一

结果分析

选择A：你是典型的爱情至上派。对你来说，工作是生活中可有可无的事情，如果必须得做，也是迫不得已，为了谋生。而爱情则是生命中的全部。但是要明白，感情不能当饭吃，毕竟生活中没有了面包，爱情也是不能够坚持多久的。

选择B：你是典型的爱情和工作兼顾派。你喜欢有规律的生活，认为爱情和工作在生命中缺一不可。因此，在你的人生规划中，你将爱情和工作放在同等重要的地位，不会顾此失彼。

选择C：在爱情和工作之间，你摇摆不定。在你的生命里，如果爱情来了，你就会奋不顾身地扑过去，一旦爱情消失了，你可能会选择把更多的精力投入到工作中去。

选择D：你是一个典型的工作之上派，为了工作你甚至可以选择放弃爱情。因为星期一是很多人最头疼的一天，你选择增加这天，则代表在爱情和工作之间，你觉得工作能够给你带来很大程度上的安全感，而爱情则是可有可无。

☆ 温馨提示 ☆

爱情和工作都是生命中不可缺少的一部分，因此要公平对待，千万不能顾此失彼。

13. 谁是令你倾倒的男孩

假设有一天早上，你起床后扭开水龙头，发现流出来的水的颜色十分奇怪，你认为会是什么颜色？

A. 黄色　　　　**B. 白色**　　　　**C. 红色**　　　　**D. 绿色**

结果分析

选择A： 你比较青睐那些情绪化的大男孩。你是一个具有强烈母性的女孩子，虽然情绪化的男孩子多会让人抗拒，但是对你来说却具有一份特殊的魅力，而且你会发挥你的母性本质来安抚他，如果能够做到这一点，则会给你带来很大的满足感。

选择B： 你比较钟情那些一本正经的成熟男人。对你而言，花言巧语只能骗得过一些青春期的小女孩，而坦荡、成熟、一本正经的男人才会给你带来很大程度上的安全感，即使他有时候会比较木讷，但是他的真诚和坦荡，会让你对他死心塌地。

选择C： 热情活泼的男孩儿往往是你的首选。你肯定是一个非常内向害羞的女孩子，你渴望改变自己的这种状态，因此热情活泼的男孩子便是你的首选。同时，这类男孩大多豁达乐观，不会斤斤计较，你也非常迷恋他这一点。

选择D： 你比较喜欢沉默的男孩子，因为这类男孩子会带有某种神秘感，而你又喜欢发掘人的本质。对你而言，他的这种沉默和神秘可能会让你神魂颠倒。

☆ 温馨提示 ☆

不管是哪种类型，只要彼此相爱，并付出真心，用心珍惜，就一定可以尝到爱情的甜美滋味。

14. 你的他是一个什么样的人

　　情人眼里出西施，在你的眼里你的那个他一定是最完美的。不可否认，当你们相处的时候，当你们约会的时候，他一定在你面前展示一个最完美的他，这样的假象往往会蒙蔽你的眼睛，使你认识不到一个真实的他，等到结婚以后，你才发现，他身上有着很多你不能接受的缺点和毛病。所以，在结婚之前，你一定要了解一个真实的他。那么，如何了解呢？不妨从人的习惯动作观察起，因为"管中窥豹，可见一斑"。

1．在吃饭之前，他会摆筷子吗？

　　A. 不一定　　　　　　　　　　　　　　　**3分**

　　B. 会　　　　　　　　　　　　　　　　　**5分**

　　C. 拿起来就用　　　　　　　　　　　　　**1分**

2．他在吃饭的时候挑食吗？

　　A. 不太清楚　　　　　　　　　　　　　　**3分**

　　B. 从来不　　　　　　　　　　　　　　　**5分**

　　C. 会　　　　　　　　　　　　　　　　　**1分**

3．吃东西喝东西的时候，他会

　　A. 慢条斯理　　　　　　　　　　　　　　**1分**

　　B. 迅速解决　　　　　　　　　　　　　　**5分**

　　C. 正常速度　　　　　　　　　　　　　　**3分**

4．他喝酒的时候有什么特殊的习惯吗？

　　A. 没有　　　　　　　　　　　　　　　　**3分**

　　B. 发出很响的声音　　　　　　　　　　　**5分**

　　C. 慢慢地喝　　　　　　　　　　　　　　**1分**

5．喝咖啡或红茶时，他放糖或放奶粉的方法是什么？

　　A. 放很少　　　　　　　　　　　　　　　**1分**

　　B. 不太清楚　　　　　　　　　　　　　　**3分**

　　C. 两样都加很多　　　　　　　　　　　　**5分**

6．在饭店付账时，他从哪里掏出钱？

     A. 从长裤的口袋中拿出钱包   3分

     B. 从胸前口袋的皮夹中拿出   5分

     C. 找了很久之后才找到   1分

7. 他口袋里的香烟是什么牌子的?

     A. 烟斗或雪茄   1分

     B. 国产香烟   3分

     C. 进口香烟   5分

8. 面对无聊的骚扰,他会:

     A. 发火   3分

     B. 问清楚   1分

     C. 不理会   5分

9. 他内心的情绪会写到脸上吗?

     A. 不会表现出来   1分

     B. 不会特别表现出来   3分

     C. 立刻表现出来   5分

10. 一听到走路的声音,你就知道是他来了吗?

     A. 他的走路声音很大,很有个性   5分

     B. 没有什么特殊之处   3分

     C. 走路一点声音也没有   1分

11. 与别人说话时,他的手通常会放在什么地方?

     A. 在背后   5分

     B. 手在胸前交叉   1分

     C. 弄口袋里的东西   3分

12. 一起并肩走时,他的手会怎样?

     A. 有时会碰触你的手   5分

     B. 除了手之外,身体他都会碰触   1分

     C. 完全不会碰触你,或不知道   3分

13. 在等公共汽车时,他的手通常会怎样放?

     A. 手放在臀部附近   3分

     B. 平行放下   5分

     C. 双手交叉放在胸前   1分

14. 他坐椅子时的样子?

    A. 静静地、慢慢地坐下　　　　　　　　　　**1分**

    B. 没有什么特殊之处　　　　　　　　　　**3分**

    C. 发出声音才坐下　　　　　　　　　　　**5分**

15．坐在椅子上，他的脚会怎样放？

    A. 两腿合并　　　　　　　　　　　　　　**3分**

    B. 两腿张开　　　　　　　　　　　　　　**5分**

    C. 跷着脚　　　　　　　　　　　　　　　**1分**

16．与别人说话时，他的头通常会怎样？

    A. 习惯性地斜向一边　　　　　　　　　　**1分**

    B. 平视前方　　　　　　　　　　　　　　**5分**

    C. 会低头　　　　　　　　　　　　　　　**3分**

17．与别人谈话时，他的眼神通常会怎样？

    A. 凝视对方的眼睛　　　　　　　　　　　**1分**

    B. 有时会闭上眼睛　　　　　　　　　　　**5分**

    C. 看向别处　　　　　　　　　　　　　　**3分**

18．他的笑有什么特点？

    A. 爽朗的笑声　　　　　　　　　　　　　**5分**

    B. 不出声的笑　　　　　　　　　　　　　**3分**

    C. 不经常笑　　　　　　　　　　　　　　**1分**

结果分析

计算你的总得分，对照是哪种类型。

18分～32分　A型；　　33分～50分　　B型；

51分～70分　C型；　　71分～90分　　D型。

A型：冲动型，是非善恶，爱憎分明都明显表现。

他对人的好恶非常明显，遇到跟自己合得来的人，他会对人家非常好；而遇到和自己合不来的人，他会表现得非常厌烦。并且他非常容易受心情的影响，只要一遇见不高兴的事情，做什么事情都会带上情绪。当然，在你们约会的时候，通常会以同事和工作为话题，有时会突然想到某件事情而去打电话。他非常有能力，却运气不好，但是他一直想要做出一番事业证明给你看。他不太注意外表，但他会觉得人的内心才是最值得注意和赞赏的。

B型：路见不平、拔刀相助型。

只要看到别人遇到什么麻烦，他一定不会袖手旁观，和谁都能合得来，经常和朋友称兄道弟，属于八面玲珑型。他很容易答应别人，但事后却又往往没有切实实行。每次和朋友同事聚会，他都会很热情地帮忙组织参与，不过事后又喊好忙好忙。他很喜欢小孩，在大家面前牵女孩子的手他也会害羞。不管什么事情，他往往考虑的比较简单，没有什么城府。

C型：孤高清傲型。

他很可能是一个很优秀的人，会有很成功的事业。不喜欢华丽的东西，给人素净的感觉，但是往往很顽固。对自己充满信心，对别人要求也很严格。如果有什么失误，他一定不会原谅别人。她性格内向，头脑很好，不喜欢平凡的东西，希望能够得到周围人的肯定。他比较喜欢安静，你们约会也多半喜欢去咖啡店喝咖啡，或是到比较清静高雅的地方跳跳舞。

D型：性格谨慎却在感情上向往激情的双重性格。

他给人的第一感觉总是踏实可靠的，不管做什么事情，都会考虑到别人的想法之后才行动。他绝对不会冒险，小心谨慎，在工作岗位上会受到领导的信任和器重。他公私分明，不喜欢你打电话到公司。

通常，他给人很老实的感觉，但是对喜欢的女性却会很热情，同时会把对方当圣母玛丽亚般的理想化。上、下车的时候，他会很体贴地照顾你，还会送花、写情书。一般来讲，他比较安静，但只有两个人的时候，他会畅谈他的人生观及将来的梦想，他会深情地看着你，谈他的过去。另外，他很容易对像自己母亲及初恋情人的人一见钟情。

☆ 温馨提示 ☆

人与人之间的性格是不同的，你的他性格怎样？你觉得他真的是自己的白马王子吗？

第二章
你和他缘分有几何

柏拉图曾经说过："当爱神拍你的肩膀时，就连平日里那些不知道诗歌为何物的人，也会在突然之间变成一个诗人。"很多人都知道，缘分是可遇而不可求的。因此，缘来的时候，就应该学会好好地珍惜这份缘分；而一旦缘分尽了，也只能淡然地潇洒地说声"好走"。俗语云"百年修得同船渡，千年修得共枕眠"，在爱情中，你与他的缘分又有几何呢？

1. 测一测你和他的心理契合度

生活中，你们两个是"心有灵犀"，还是他根本不懂你的心？你是不是一直在想你们两个的心理契合度到底有多高？那么，不妨来测试一下。

下面的四个字当中，选择一个在你心目中与"雨"搭配最合适的一个字。

A. 雪　　　　B. 雷　　　　C. 云　　　　D. 雾

结果分析

选择A：恭喜，你们两个的心理契合度为90%。虽然你们在一起已经相处很久，但是你们并没有因此产生厌倦感和疲惫感，相反，朝朝暮暮的相处，使你们觉得两个人已经是一个整体，密不可分，正如雨雪交融。

选择B： 你们两个的契合度为60%。你和他可谓是一对欢喜冤家，可以说，即使你们两个不在一起，如果能够三天不发生争执，也是一件罕见的事情。不过，你们两个吵过架之后很快就会和好，你们的感情也是一样，来去匆匆。因此，一定要避免在感情中发生冲突。

选择C： 很遗憾，你们两个的心理契合度仅仅有30%。可能是因为你们两个在一起的时间太长了，以致双方都太熟悉了，逐渐失去了开始的时候所具有的新鲜感。所以，你们现在需要做的是要想办法给你们的生活注入新鲜的汁液，尤其是爱情，千万不可让它在日复一日中蒙上灰尘。

选择D： 值得警惕，你们两个的心理契合度只有10%。简单来说，可能是你们两个之间出现了误会，从而导致了某种程度上的信任危机，接下来将有可能导致冷战。建议你们赶快调整这种状态，如果实在不能够改变，最好选择早点分手。

☆温馨提示☆

爱情的道路上，只有两个人心心相印，方可"执子之手，与子偕老"。

2. 你们在一起会不会幸福

你们是不是曾经许诺"山无棱，天地合，乃敢与君绝"？但是，如果真正生活在一起，你们会幸福吗？是不是真的会像你们想象般的那么美好？如果某天，男友邀请你去看一场他心仪已久的电影，而你已经和朋友约好要去参加她的生日聚会，此时你会选择？

A. 参加朋友聚会，告诉男朋友这是很早之前和朋友约好的事情，不能反悔

B. 去参加朋友的生日聚会，因为这个约在前

C. 根据男朋友的诚意决定

D. 先去参加朋友的宴会，早点回来和他去看电影

E. 找个借口推托朋友的邀请，和他一起去看电影

结果分析

选择A：你们两个之间的关系现在已经处于一种非常明朗化的状态，但是有时候你会感觉你们之间似乎还隔着一层若有若无的薄雾，虽然只是一步，但是相距却很遥远。其实你们有着坚定的爱情基础，努力向爱情的顶峰前进吧！

选择B：可以说，你现在是世界上最幸福的女人了，因为你和他之间有着充分的理解和信任，不过如果能够再努力一把，则可能会有更圆满的结局。

选择C：最近你是不是经常梦见桃花啊！你现在有新的追求者，不管是明恋还是暗恋，他都会给你带来十分愉悦的感觉。闲下来的时候，权衡一下利弊，思考一下自己跟谁会更适合。

选择D：你似乎总喜欢做个爱情的旁观者，不断为他人的爱情或喜或悲。如果你能够保持一颗平常心，冷静地处理感情上的问题，则能够与他共同创造出属于你们的幸福。

选择E：你们在一起过得实在是太辛苦了，你现在身陷牢笼、为情所困，相信也一定是精疲力竭了吧？所以，不妨停下脚步，仔细思考一下你身边的这个人是否真的值得你去爱。想通之后，你自然知道应该怎么做了。

☆ 温馨提示 ☆

任何时候，幸福都是靠自己把握的，选择一个适合你的人，给他以理解、信任和包容，只有付出才有收获。

3. 你的爱情倦怠期有多长

春夏秋冬，四季更替，草荣草枯，生生不息。在这个世界上，任何事情、任何事物都是有一定的周期的。爱情也是一样，时间久了，你可能就会感觉到视觉疲劳，进而厌倦。不妨来测试一下，看看你的爱情倦怠期有多长？如果已经临近，及时采取措施常常可以挽救你即将失去的爱情哦！

1. 你经常把零钱放进储蓄罐吗？

　　是的，前进至3；　　　　　　　　**不是，前进至2**

2. 即使熬夜你也试图保持自己光鲜亮丽的外表吗？

　　是的，前进至4；　　　　　　　　**不是，前进至7**

3. 你是不是很想或者曾经去过迪斯尼乐园？

　　是的，前进至6；　　　　　　　　**不是，前进至5**

4. 你喜欢的异性是不是大都属于一个类型？

　　是的，前进至7；　　　　　　　　**不是，前进至6**

5. 你是不是很久都没有去过电影院了，只在家里看一些影带或影碟？

是的，前进至9；   **不是，前进至8**

6. 你认为你和婆婆能够相处得来吗？

是的，前进至8；   **不是，前进至9**

7. 你会买一些以前从没有吃过的食品吃吗？

是的，前进至11；   **不是，前进至10**

8. 你相信超能力吗？

是的，前进至12；   **不是，前进至13**

9. 冬天，你喜欢用电暖器吗？

是的，前进至12；   **不是，前进至13**

10. 你是不是认为现代社会，爱情的忠贞已经落伍了？

是的，前进至13；   **不是，前进至14**

11. 最近你是不是又认识了很多闺中密友？

是的，前进至13；   **不是，前进至14**

12. 你的房间里面是不是乱七八糟地塞满了很多东西？

是的，前进至19；   **不是，前进至15**

13. 你是不是保证内衣裤每天一定要换？

是的，前进至16；   **不是，前进至15**

14. 你有没有坚持记日记的习惯？

是的，前进至17；   **不是，前进至16**

15. 你是不是经常穿一些比较休闲类的服装，不愿意穿那些正规的淑女装？

是的，A类型；   **不是，前进至18**

16. 听歌时，你是不是喜欢听那些排行榜上的歌曲？

是的，前进至20；   **不是，前进至19**

17. 你是不是有健忘症，常常丢三落四的？

是的，E类型；   **不是，前进至20**

18. 你是不是很喜欢那些毛茸茸的布娃娃？

是的，A类型；   **不是，B类型**

19. 看一些推理剧时你是不是通常都能够找出凶手是谁？

是的，C类型；   **不是，B类型**

20. 你很想学溜冰吗？

是的，E类型；   **不是，D类型**

结果分析

A类型：你是一个情感细腻，观察力敏锐的女孩子，别人举手投足、一颦一笑都能够感染到你的情绪。在爱情方面，刚刚确立关系时，会认为对方是最完美的，等到结识半年左右，便开始难以忍受对方的缺点，只好选择分手。

B类型：你是一个温柔体贴的女孩子，而且对自己的各方面都十分自信，凡事喜欢用直觉判断。选择对象时，如果第一眼不喜欢，就很难再看他第二眼。爱情倦怠期大概在三个月左右。

C类型：你是一个安分守己的女孩子，不管是工作还是生活，你认为稳定就好，不奢望出人头地，也不奢望比别人过得好多少，认为平凡、稳定就是福。在感情方面，你通常会找那些"一劳永逸"的人，希望能够谈一谈恋爱就结婚，爱情倦怠期大概是两年。

D类型：生活中你是一个十分聪明的女孩子，往往能够从别人的眼神和语言中洞察人心，并博得别人的喜爱。和恋人相处时，往往他还没有说话你就知道他要做什么了，是个典型的恋爱高手。爱情倦怠期不固定，往往会根据心情而定。

E类型：你是一个心地善良、乐于助人的女孩子，和你相处，对方往往会感到很舒服。在感情方面，刚开始的时候你会对爱情有着极大的憧憬，认为它会给你带来以往所没有感受到的幸福和甜蜜，但久而久之，你会对爱情逐渐冷却。爱情倦怠期大概是一年。

☆ 温馨提示 ☆

爱情是需要用心经营的，当出现危机时，彼此应该多一点包容，多一份信任，而不是任其消失和陨落

4. 你们的爱情为什么只开花不结果

擦窗户玻璃时，你被一声巨响吓了一跳，发现是阳台上的一盆花掉下去摔碎了。凭你的直觉，你认为是什么原因导致花盆掉下去的呢？

A. 是家里养的那只淘气小狗　　**B.** 被窗外的不明飞行物砸下来的

C. 是自己擦玻璃时不小心碰下来的　**D.** 被风吹下来的

结果分析

选择A： 选择这个答案的女孩子大多比较有个性，且思想深刻。即使她很喜欢这个人，也可能会因为思想观念不合而放弃对方。总的来说，爱情只开花不结果的最大原因是双方"个性不合"。建议你对对方多一点宽容和理解。

选择B： 过分追求完美是导致你们爱情失败的主要原因。在你眼中，对方永远达不到你所要求的标准，所以多数情况下你会选择离开，而且不会告诉对方你离开的原因。

选择C： 给对方造成的压力过大是导致你们爱情没有结果的主要原因。不可否认，你是一个很能干的女性，而且乐于为对方付出。但是另一方面，你总是渴望恋人能够出人头地，比身边的人更出色，更优秀，这给他带来极大压力，他可能会为了逃避压力而离开你。

选择D： 你做事开明，为人和善。在你看来，凡事发生必有原因，与其逃避不如面对现实，所以不管你们之间发生什么事情，你都会选择通过和恋人沟通和交流来解决问题。说实话，如果能够和你这样的女孩子生活在一起，实在是人生的一大幸事。

☆温馨提示☆

人人都希望在爱情中成为胜出者，但一定要懂得适可而止，如果因为一个小小的缺点而放弃自己所爱的人，所失去的将不只是一点点

5. 你的爱情占有欲有多强

春节来临之际，走在大街上，你发现不管是大超市还是小卖部，都在做各种促销活动，于是你也在无意中加入了采购的大军。逛完几个商场之后，你发现自己又累又渴，恰好你面前的小卖部里有三种饮料，你会选择哪一种？

A. 巧克力奶昔　　　　　**B. 矿泉水或纯净水**　　　　　**C. 橙汁**

结果分析

选择A：你的占有欲极大，简直无法用百分比来表示。一般来讲，平时生活中你并不会特别地渴望爱情，但是一旦你品味到爱情的甜蜜时，你会不管一切地去追求。为了爱情，你甚至可以付出自己的一切，并且你也渴望能够拥有同等的回报，如此一来，你很容易给对方造成压力，且两个人都没有活动的空间。建议你放松点，这样反而会达到"欲擒故纵"的效果。

选择B：你的占有欲高达95%。从表面来看，你是一个温柔恬静、无欲无求的女孩子，但是在内心深处，你则希望自己能够控制住对方，内心也巴不得能够天天黏着对方。你的占有欲极强，会在很短的时间内将对方套死。

选择C：你的爱情占有欲只有10%。怎么说呢，你对爱情并不特别在意，一旦尝过爱情的甜头，你不会再去追求更多，而是选择扭头就走。和恋人相处一段时间后，你可能会因为对他太过熟悉而选择分开。

☆ 温馨提示 ☆

　　爱情是自私的，却绝不是占有，更不是束缚。它就像握在手中的沙，捏得越紧，走得越快，流失的也越多。

6. 你们的恋情潜伏着危机吗

一直沉浸在热恋中的你，在某一天却突然觉得恋人没有以前对你那么热情了，和你说话有时候也会显得不耐烦。当有这种情况出现的时候，你会不会感觉你们的恋情潜伏着某种危机呢？不妨来做一下下面的这个测试。

1. 你们在一起时，如果你拒绝他的某项提议，他会不会不高兴？

   A. 不会

   B. 没有太注意过

   C. 会

2. 除了你之外，男朋友还有比你更出色的红颜知己吗？

   A. 有，他们经常在一起

   B. 不太清楚

   C. 没有

3. 你和他以及他的家人、朋友、同事能够融洽相处吗？

   A. 关系不是太好

   B. 一般

   C. 相处的很融洽

4. 你们曾经说过"山无棱，天地合，乃敢与君绝"之类的刻骨铭心的话吗？

   A. 从来没有说过

   B. 偶尔会说，但没有这种感人

   C. 说过

5. 你和他闹别扭之后，他会找理由约你出来玩吗？

   A. 从来不会

   B. 记不清楚

   C. 几乎每次都会

6. 每逢情人节或者你的生日，他会送你一些精致的小礼物吗？

   A. 送过，但是我并不喜欢

   B. 送过，而且我也很喜欢

   C. 好像没有

7. 如果你们两个一起上街，你会突然间找不到他吗？

    A. 曾经有过这种情形

    B. 记不清楚了

    C. 没有发生过

8. 假如你们已经分手，他看到你和其他的男孩子谈笑风生，会不会很生气？

    A. 绝对不会

    B. 应该会

    C. 绝对会

9. 假如你和男朋友分手了，一次偶然的机会你们相遇，此时你们会？

    A. 他假装没有看到你

    B. 你会主动和他说话

    C. 他主动和你打招呼

10. 你们两个的感情出现了问题，你认为是他听信了某些谣言造成的吗？

    A. 不是

    B. 不太清楚

    C. 是的

11. 你们在一起的时候，如果闹了点小矛盾，你会说一些打击他的话吗？

    A. 会

    B. 不知道

    C. 不会

12. 你们一同外出时，他是不是对你照顾得无微不至？

    A. 从来不会

    B. 记不清楚

    C. 是的，经常如此

13. 之前坐在公园的长椅上，你们之间是从来不放任和物品的，但是最后一次见面，他是否把随身携带的杂志或者饭盒放在你们中间了呢？

    A. 是的

    B. 没有注意

    C. 不是

14. 你和他聊天时，他会不会突然看着你的脸发呆？

    A. 没有过

    B. 记不清楚

    C. 经常有这样的情形发生

15. 他一直对你的朋友、工资等方面很感兴趣，你会都告诉他还是有所保留？

    A. 有所保留

    B. 视心情而定

    C. 全部告诉他

结果分析

以上各题，选A得5分，选B得3分，选C得1分。计算你的总得分。

61～75分：你们的缘分已经走到了尽头，几乎没有回旋的余地了，不如好合好散，各自寻找各自的幸福吧！

45～60分：你们现在已经有很深的隔阂了，他心里甚至已经有了分手的念头。假如你还想挽留这份感情，那就对他多一点温柔和关心吧！

30～44分：你们之间已经出现了矛盾，但是还没有明朗化。如果你认为自己不能失去他，那就找他开诚布公地谈一谈，坦诚地交流和沟通之后，你会发现你们的感情依旧是海阔天空。

15～29分：恭喜，你们之间的感情很深，暂时还没有出现任何危机。在你们相处的过程中，你们可能会产生一点小矛盾，甚至会大吵大闹，但不管怎样，他心中依然在想着你。适当地和他保持一点距离，反而会让你们更加期待对方。另外，千万要把握好眼前的这个男人哦，因为他很值得你去爱。

☆温馨提示☆

爱情是两个人之间的事情，所以需要两个人用心经营。只有两个人互相了解，真心相恋，彼此包容，方能避免危机的产生。

7. 密码也会泄露你的情感秘密

现代社会，每个人都有一大串的密码，银行卡要密码，手机卡要密码，电脑需要密码，邮箱需要密码……你是如何设置自己的密码的呢？它可是会泄露你的情感秘密哦！

A. 生日或电话号码　　　　　　　　**B. 身份证号**

C. 经常会让它随着心情的变化而变化　　**D. 谁也猜不出的奇怪组合**

结果分析

选择A：你是一个很容易追到手的女孩子，在男生的眼里，你的挑战性并不强。因为看你的眼神和表情，听你说话的语气就知道你心里在想什么。就算刚开始的时候不能，相处一段时间后也能把握得八九不离十。

选择B：这类女孩子警惕心比较高。所以要想赢得她的感情，最重要的一点就是一定要想方设法赢得她的信任。如果不能够让她产生信任感，即使追求者在其他方面做得很优秀，也不能够获取她的芳心。

选择C：这类女孩子的心思往往没有规律可言，有的时候连她自己也不知道自己到底在想些什么。所以对于一些追求者来说，今天非常有用的招数，明天可能就失效了。不过有一招比较管用，那就是以不变应万变，这样常常可以给她带来某种安全感。

选择D：这类女孩子内心比较复杂，常常会出现一些稀奇古怪的想法，别人总是很难琢磨透。如果想要把她追到手，最有效的一招就是欲擒故纵。如果能够时常让她有新鲜感，或许会有很大帮助。

☆ 温馨提示 ☆

在爱情的道路上，只有真心才能打动真心，不管你用什么方法，真诚是最不能缺少的。

8. 他对你是否一心一意

男女之间的感情是一种非常微妙的感觉。身处其中的女性常常会怀疑对方对自己的忠诚度，怀疑他是否对自己一心一意。那么，不妨来检测一下，他是否把他的整颗心都交给你了？

你们相处已经有很长一段时间了，每次和他一起出门的时候，他双手都会？

A. 牢牢地牵着你的手　　　　**B.** 被你挽住

C. 搂着你的肩膀或者你的腰　　**D.** 插在自己的裤兜里

结果分析

选择A： 他对你的心绝对是百分之百的，甚至已经到了唯命是从的地步。毫不夸张地说，你简直是他心目中至高无上的女神，他甘心拜倒在你的石榴裙下。不过他的嫉妒心比较强，需要小心才是。

选择B： 在你们的爱情中，一直都是你处于主动地位，但是这并不代表他不爱你。在大家的眼中，你们是典型的模范情侣。

选择C： 他对你的占有欲很强，目前对你爱的是水深火热，而且会主动对你大献殷勤。他的这种表现甚至会引起旁观者对他的反感。但是你很欣赏他，愿意为他付出你的一切。不过，需要提醒的是，小心欲望满足之后，他会逃之夭夭。

选择D： 其实在他的心中，更想与你做回好朋友或者是红粉知己。如果你想进一步与他交往，就需要付出很大的代价，因为他甚至不能给你名分。

☆ 温馨提示 ☆

卢照邻曾有这么一句诗："得成比目何辞死，愿作鸳鸯不羡仙。"找一个真心对你的恋人，这将是你最大的幸福

9. 他对你的好感有几分

一直以来，你可能都在思考这个问题，即恋人对自己的好感到底有几分呢？下面的这个测试可能会给你某种启示。很多时候，手的动作常常会给你带来某种暗示，比如你让对方观察自己的手，此时他的态度是腼腆还是完全无所谓的样子，这往往是判断的一个基准。

告诉对方，人的手指间有两个地方一碰就痒得不得了，现在让他把笔放在你的指头之间，试试看会不会令你发痒？这个问题的着眼点并不是将笔放在那个指头之间，而是两只笔之间间隔几个指头？如果你现在在咖啡厅或餐厅，也可用筷子代替笔。他可能会让两只笔之间：

A. 间隔一只手指头　　**B.** 间隔两只手指头　　**C.** 间隔三只手指头

结果分析

选择A：你们之间已经出现了某种恋爱的征兆，你们彼此是非常欣赏对方的。但可能是因为你们之间并不熟悉，因而对方并不敢轻举妄动。此时，如果你能够让自己的态度缓和一下，自然就能把握住属于你们的爱情。如果所间隔的是无名指，那么你更不应该有所顾虑了。

选择B：你们可能只能做好朋友。不可否认，你们在一起的时候相处得很愉快，但是你们之间的感情很难向恋人之间进展。但如果间隔的指头中有无名指，尚有成为恋人的可能性，但也需要合适的机会来慢慢接近他。

选择C：很遗憾地告诉你，你们之间真的是没有缘分，即使是做朋友，也非常勉强。因为你们两个的心距离非常遥远，即使你努力去靠近，也很难达到目的。因此，赶快认清现实，用平常心来面对眼前的一切吧！

☆ 温馨提示 ☆

千万不要为了试图讨好某人而失去自己，如果你连自己都失去了，那么爱情更不会靠近你

10. 你会抢好朋友的男友吗

现实生活中，我们常常会听到这样的故事，有的女孩子和好朋友的男朋友相处久了，会日久生情。那么你会抢自己好朋友的男朋友吗？

假如你最好的朋友戴了一对很有个性也很好看的耳环，此时你会？

A. 告诉她，这对耳环更适合自己，让她送给自己

B. 觉得实在漂亮，准备向朋友借过来戴几天

C. 虽然觉得很好看，但是自己一直都不喜欢与别人戴一样的耳环

D. 问她在什么地方买的，自己也赶快去买同一款

结果分析

选择A： 可以肯定地说，你是一个当仁不让的竞争型女子，爱情方面也不例外。你自身的条件比较优越，而且自己也有很强的自信，还懂得竞争的方法，因此常常是竞争中的胜利者。有的时候，你为了达到自己的目的，会不择手段。

选择B： 在和朋友的恋人相处的过程中，你会情不自禁地向他示好，虽然你想控制住自己的感情，但是却有心无力。如若时机到来，你可能会把朋友的恋人据为己有。其实，你的感情生活是很丰富的，他不一定最适合你，你可能会有更好的恋爱机会。

选择C： 你是一个随遇而安的女子，什么事情都不会与别人抢风头，更不会去抢别人的伴侣，更何况是自己的好朋友的。在生活中，你有自己独特的品味，喜欢与众不同，做事低调，会找一个与自己个性相投的伴侣，享受平淡的婚姻生活。

选择D： 你绝对不会去抢属于别人的东西，即使自己很喜欢，也会把他

放在心里。不过你可能会以他为标准，来找一个与他条件相似的恋人。而且你知道什么样的恋人比较适合你，所以你一定会得到属于自己的幸福。

11. 你能和相爱的人长相厮守吗

可能你还没有遇见自己心目中的白马王子，又或许你们现在正处于热恋时期。但是，你肯定想过这么一个问题，自己能够和心爱的人长相厮守、白头到老吗？做下面的测试，来预测一下吧！

如果你正在回忆过去点点滴滴美好的往事，突然发现一张已经泛黄了的照片。你觉得照这张照片的时间是：

A. 繁花盛开的春天　　　　**B.** 蛙鸣蝉叫的夏天

C. 硕果累累的秋天　　　　**D.** 天寒地冻的冬天

结果分析

选择A：你们的恋情即将进入白热化的阶段，双方都互相具有好感，只要能继续保持这样的关系，你们很快会成为恋人。但若想白头到老，好需要你花费更多的时间和精力来经营。

选择B：你们彼此相爱，但是因为很多现实原因很难走近婚姻的殿堂，不过恋情却在持续加温中。只要不放弃，相信有情人会终成眷属的。

选择C：你和他之间似乎还缺少一点缘分，虽然你们极力想要走到一起，但是难免会遇到各种挫折。这些挫折反过来又会给你们的爱情以重大打击，之后你们可能会形同陌路。

选择D：简单来说，你和他就如同是两条平行线，虽然相距不远，但是永远不会相交。即使你花费了很多时间和精力去追求他，最后只能是徒费精力而已。建议你调转一下方向，或许会遇见比他更适合你的。

☆ 温馨提示 ☆

　　相爱简单相处难，爱一个人容易，但是与一个人长相厮守却不是一件容易的事情。

12. 了解你生命中的那个他

　　在生活中，你一定遇见过雨后天晴的时候。那时候，你和他一起并肩携手回家或出门，很可能会碰见一大滩水，这时候，他会怎么办呢？没有经历过这种事情也无妨，可以根据他平时的表现，设想他的举动吧？那么，请在以下答案中选出适合他的一项，很快就能揭开谜底了。

A. 四处观察，然后择道而行

B. 颇有男子气概地伸出双手，抱着你跨过水坑

C. 毫不在乎，各顾各地自己先走过去

D. 自己先跳过去，再回头帮你越过积水处

结果分析

选择A： 他是一个极为理性的男人。他会把恋爱当成考试，如果不及格，立马会放弃这段感情，也因此错过不少好姑娘。此外，他也相当自负，总喜欢用一种居高临下的姿态看问题，而且极为自私，喜欢享乐。

选择B： 他是个可以为爱而牺牲一切的男人，值得你全心全意爱他。不过他的激情很多时候只能保持三分钟，来去匆匆，容易头脑发热。一旦对"旧人"温情骤失，毅然而去。

选择C： 他有着标准的大男子主义，什么事情都是以自我为中心，很在乎恋人的忠诚。此外，这种男人要求他的爱人自立、自强，不仅聪明能干，还要能充分体贴、臣服于他。而且要以他为生活重心，照顾他的喜乐及生活起居上的享受。不过他有能力提供给你物质上的享受。

选择D： 他是个光明磊落、性格坦诚的男人，做事爱动脑子，力求完美，才干出众。与此同时，他不会刻意讨好他人，但人缘极好。在爱情方面，他是个难得的好丈夫，但做情人时，未免少了一些情调。不过，他知道如何体贴爱人，而且尽职尽责，一旦爱上某个人，变心的可能性较小。

☆ **温馨提示** ☆

有句歌词是：这就是爱，糊里又糊涂。相信许多热恋中的人，都会有此感慨，觉得自己的情人这也好，那也不错，但是千万不要被爱蒙蔽双眼

13. 你的结婚欲望强烈吗

现代社会，因为工作等各方面的原因，越来越多的人成为晚婚一族。但是有很多人还是渴望尽快踏上婚姻的红地毯，那么你的结婚欲望强烈吗？假设你不幸患上某种不治之病，将不久于人世，为了不让你这一趟红尘之旅有所缺憾，你会怎么办？

A. 好好待在家里，享受天伦之乐

B. 用笔写下一生未尽的心愿，希望以后会有人看到

C. 痛痛快快地玩个天翻地覆

D. 去自己曾经最想去的地方旅游

结果分析

选择A：你姻缘将至，可能很快就会走进婚姻殿堂。你是一个重视家庭、渴望亲情的人，热爱和谐美好的家庭生活。因此，你是异性眼中最合适的结婚对象，况且你心地纯善、温柔贤淑，会给别人带来安全感。

选择B：婚姻在你生命中有着十分重要的地位，你认为只要有爱，就可以有一切。只要遇见一个对你比较好的人，你会感恩不尽，全力回报，甚至不惜以身相许，希望能同对方相伴终生。但是你应该明白，他爱你，并不一定会与你结婚。

选择C：你的结婚欲望并不强。爱情对你来说必不可少，但是婚姻则是另外一回事。你过惯了自由自在的生活，"一人吃饱全家不饿"正是你最感洒脱轻松之处，因此，你的潜意识里并不渴望结婚。

选择D：你对结婚一直持反对态度，其最大的原因是因为你没有遇到一个完全称心如意的对象。另外，你是一个虚荣心很重的女人，而且对恋人的

要求很苛刻，如果恋人有某一点不合你意，你就会心存不满。因此，你很难找到适合自己标准的那个人。

☆温馨提示☆

　　其实，每个女人的心底都渴望有一份完整的爱情，有一个温馨的家，只是可能因为太多的现实因素，让她们对婚姻望而却步。

14. 情敌在不在你身边

　　面对自己心仪的男子，你可能会考虑这么一个问题："这么优秀的男人，会不会有很多女孩子喜欢他啊！"不妨回答下面的这个问题，你可能就会知道情敌在不在你身边。

　　如果有机会当歌手，你希望自己成为哪一类型的歌手？

A. 玉女歌手　　　　**B. 性感歌手**　　　　**C. 前卫歌手**

结果分析

　　选择A：你的情敌可能是清纯型女孩儿。这类女孩子外表清纯可爱，天真无邪，说话嗲声嗲气，但实际上这种清纯很可能就是伪装出来的，她的目的可能是为了吸引更多男孩子的目光。因此，假如你的男朋友身边有这种类型的女孩子的话，千万要多加防范哦！

选择B：你的情敌很可能是精明型的。你是一个没有任何心机的女孩子，总觉得有了男朋友便有了一切。但是，在一些精明能干、聪明伶俐的女孩子面前，你可能便会黯然失色。因此，不但要看好你的男朋友，还应该注意让自己变得聪明点。

选择C：你的情敌可能是"散漫型"的女孩子。在为人处事上，你一直都保持一种严肃谨慎的态度，这很容易令那些自由散漫的女孩子有机可乘，因为她们能够给男人带来更多浪漫的感觉，包括你的男朋友也难免会被她吸引。所以你应该对症下药！

☆温馨提示☆

　　既然你的男朋友选择了你，就说明你肯定有吸引他的地方，因此应该充满自信，但是也不能太大意哦

第三章
爱情中，你是哪种角色

　　泰戈尔如是说：“爱就是充实了的生命，正如盛满了酒的酒杯。”每个女人的生命中，都不能够也不应该缺少爱情，否则她的生命会如同一口枯井，了无生趣。可是，面对爱情，你是坦然以对，还是被它冲昏了头脑？你的爱情EQ有多高？你在其中到底扮演一个什么样的角色？也许，测试会帮你解开这个谜！

1. 你有多浪漫

　　你是喜欢躺在柔软的草地上享受阳光，还是喜欢漫步在沙滩上聆听海浪的声音，又或者是喜欢和恋人花前月下，卿卿我我。这些浪漫的细节是恋爱中不可缺少的调味品。问过自己没有，你有多浪漫？测试过后你自然就会知道。

　　1. 你会给男友送什么样的情人节礼物？
　　　A. 一次浪漫的烛光晚餐
　　　B. 一件他经常提起的运动上衣
　　　C. 自己制作的一些精致小玩意儿
　　　D. 一本他渴望很久的书

　　2. 男友希望和你一起进行一次冒险旅游，你会？
　　　A. 准备看一下天气和地理位置再做决定
　　　B. 犹豫，想不明白他想做什么

C. 很愿意，恨不得立刻就去

D. 不愿意去，认为太危险了

3. 你比较喜欢男友送你什么样的花？

    A. 999朵玫瑰

    B. 一束清新的雏菊

    C. 一些可放久一点的干花

    D. 送花？早就过时了

4. 男友为你写了一首情诗，你认为

    A. 你觉得自己太幸福了

    B. 天哪，这种甜蜜真让你陶醉

    C. 觉得太神经有点不正常了

    D. 真是太庸俗了，让你觉得很搞笑

5. 你是不是经常生活在幻想的世界里？

    A. 是的，只有这时才会实现自己的梦

    B. 偶尔会，但是你知道那不是真正的生活

    C. 很少，除非现实生活中遭受到什么打击

    D. 不会，因为现实生活要比幻想还要美好

6. 你最反感什么样的男人？

    A. 从来不在乎自己的外表，丝毫没有品味

    B. 不懂得甜言蜜语

    C. 当着女朋友的面和别的女孩子调情

    D. 从来不知道女朋友的感受

7. 你暗恋一个男孩很久了，会选择什么样的方式来吸引他的注意力？

    A. 邀他去听一段暧昧的音乐

    B. 给他一封语言优美、感情真挚的情书

    C. 邀他一起去跳舞

    D. 托他的好朋友告诉他

8. 仔细想一下，你一共有过多少男朋友？

A. 一个，一直相爱到现在

B. 至今为止，一个也没有

C. 五个，这个数字好像有点夸张

D. 记不清楚一共有多少个了

9. 你上次大哭是在什么时候？

A. 就在昨天，你认为自己是水做的骨肉

B. 几个星期前，因为你失恋了

C. 在你的印象中，不记得自己哭过

D. 记不起来了

10. 你认为自己是一个什么样的人？

A. 富于幻想

B. 活力四射，充满好奇

C. 镇静而谨慎

D. 疯狂，且带有一点儿野性

结果分析

选A得4分，选B得3分，选C得2分，选D得1分。计算你的总得分。

34～40分：你是一个懂得浪漫的女子，而且你的爱人总是会因你制造的浪漫氛围而惊诧不已。可贺的是，虽然你喜欢浪漫，但是你本人并不会被甜蜜的语言和散发着芬芳的鲜花所蒙蔽。

25～33分：世界上像你这么懂得浪漫的女子已经很少了。对于你来说，生活中不能缺少鲜花、情书和烛光晚餐，而且不管恋人的甜言蜜语有多肉麻，每次听了你都会心动不已。不过你应该注意，小心被设计好的甜言蜜语所融化。

16～24分：可以肯定的是，在内心深处你是一个十足的浪漫主义者，但是你却害怕把它表现出来，生怕对方会不喜欢。其实，偶尔给恋人准备一份烛光晚餐或者送他一份小礼物，他会惊喜不已的。

10～15分：在你的生活词典里，你甚至不知道有浪漫这个词。你认为所有的甜言蜜语都是骗人的，鲜花和烛光晚餐更是华而不实的东西。不可否认，生活不是童话，但是也不必把它看得像硬石一样冷酷啊！

☆ 温馨提示 ☆

谁都渴望拥有浪漫的爱情故事，都希望成为故事中幸福的主角。所以，不要拒绝浪漫，学着去营造一些浪漫，学会给恋人一份感动吧！

2. 你的思想被爱情钝化了吗

都说女孩子谈了恋爱就会发生莫名的改变，甚至不可理喻。那么你知道自己被爱情钝化到什么程度吗？做个测试，也许你会明白。

假如你和朋友一起去爬山，不幸的是遇到突发事件，你最担心遇到哪一种？

    A. 发生泥石流   **B.** 被落石活埋

    C. 不幸坠入山谷   **D.** 被山贼砍死

结果分析

选择A：你的钝化指数是30%。可以说，你在爱情面前还是相当理智的，但是这种理智有时候会使你显得缺乏激情，久而久之这份感情会变得越来越淡漠。建议你不妨经常给自己的爱情创造一些惊喜。

选择B：你的钝化指数为50%。在感情上，你并不是一个死板的人，但是有很多禁忌。建议你不要总是用自己的思维方式来思考问题，也应该想一下他人的感受，此外还应该学会沟通。

选择C：你的钝化指数是70%。你是一个占有欲很强的女孩儿，但是对于爱情中一些突如其来的状况，总是显得措手不及。其实如果你多准备一些幽默的方法来应付这些状况，就不至于因情绪冲动毁掉一生的幸福。

选择D：你的钝化指数为90%。在感情方面，你是一个很情绪化的人，常常会做出一些让自己懊悔的事情。其实事情没有你想象的那么复杂，只是你过于钻牛角尖，拼命向坏处想而已。

☆温馨提示☆

恋爱中的女人会被幸福的感觉冲昏头脑，但有时候傻也是一种可爱，反而更能俘虏男人的心。

3. 失恋的伤痛多久能痊愈

爱情的道路并不是一帆风顺的，有的时候难免会遭受到失恋的打击。那么，面对失恋，你是在很短时间内修复自己的伤口，迅速开始下一段恋情呢，还是很长时间都不能走出失恋的阴影？不妨测试一下，了解你失恋的伤痛多久能痊愈？

你正在阳台上晾衣服，突然一块石头砸在阳台窗户的玻璃上，你吓得大叫一声。你认为玻璃会变成什么样呢？

A. 完好如初

B. 裂了一条线

C. 裂成一片蜘蛛网

D. 玻璃全碎了

结果分析

选择A： 石头砸在玻璃上，它很难不裂，但是你在心理试图保持它的完整。一般来讲，失恋之后你很难走出他的阴影，如果想要修复这段伤痕，至少需要一年的时间，甚至会更久。人不能总是生活在记忆里，建议你尽快摆脱失恋的阴影，迎接新的生活。

选择B： 你就如同这块玻璃，看起来坚强，实际伤痕一直在心里，很难消失。对于要强的你来说，你可能会将伤痛化为报复，让自己活得更好、变得更漂亮，让他后悔。一般来讲，你需要半年的时间走出失恋的阴影。

选择C： 玻璃破碎的越严重，代表你心中的伤痕复原的越快。刚开始失恋的时候，你会不断想起你们之前在一起的种种甜蜜的回忆，但是过了一段时间之后，你的回忆会逐渐被新的生活所代替。

选择D：你的感情来得也快，消失得也快。日常生活中，你很容易因为一点小事就坠入情网，但是等到这份感觉不对劲了，你会选择尽快结束恋情。一般来讲，失恋并不会在你心底留下太大的阴影，往往是大哭一场之后，你就会感觉所有的事情都过去了。

☆温馨提示☆

既然那段感情已经成为过去，那就让它尽快从生命中消失吧，这样才有信心开始新的生活。

4. 你的爱情自私度有多高

都说爱情是自私的，是排他的。心理学家研究发现，从一个人选择从事的艺术工作就可以看出他的爱情自私度有多高。如果现在让你选择你最想从事的艺术工作，你会选择什么？

A. 摄影家　　B. 作家　　C. 雕刻家　　D. 画家

结果分析

选择A：你的爱情自私指数为15%。在爱情中，你希望彼此有互动感，只要爱人能够给你快乐，你就会给他更大的回报。而且，只要他需要，你愿意为对方做任何付出，平常的日子里，你也会给对方许多意想不到的惊喜，让人觉得贴心。

选择B：你的爱情自私指数为40%。在爱情这个不见硝烟的战场上，你最在乎的是自己能否得到对方最真实的感情，容貌、金钱等对你来说，都是无所谓的。你讨厌那些十分自私的人，因此在爱情中你很会替对方着想。不过，你有时会强迫对方接受你的好意，这也是自私的一种表现。

选择C：你的爱情自私指数为75%。在爱情生活中，你是一个非常认真的人，总是处于主动的状态，不甘于被任何人操纵。你常常会按照你的想象来塑造你的爱情形态，如果爱人能够配合你的想象，那么两个人便可以相安无事。

选择D：你的爱情自私指数为90%。一直以来，你都是一个以自我为中心的女孩子，非常任性，只要是自己想做的事情就一定要做，在你的意识里，每个人都是应该为自己而活的。因此，你的爱人想要改变你并不是一件容易的事情，你的我行我素，独断独行，会让他觉得很辛苦，很累。

☆ 温馨提示 ☆

　　爱情是自私的，但是身处其中的人不应该太自私了，因为我们在为自己活得时候，也应该考虑一下他人的感受。

5. 你的爱情EQ有多高

都说恋爱中的女人智商为零，身处恋爱中的你，智商有多高呢？赶快来测试一下吧！假如有一段刻骨铭心的旧恋情，现在又拥有一段新恋情，面对新、旧恋人的照片，你会如何摆放？

A. 把新感情（照片）摆起来，将旧回忆（照片）收起来

B. 一起摆在床头

C. 两者摆在不同的地方

D. 统统收起来，等婚后再说

结果分析

选择A：恭喜你，你是典型的理智型女子，爱情EQ很高，有适应未来、珍惜过去的能力。

选择B：你属于摆放型的女孩儿，爱情EQ较高。爱情生活中虽有三心二意的倾向，但绝对不会推卸责任。

选择C：你是典型的固执型女孩儿，爱情EQ较低。你常常会担心你的新恋人会吃闷醋，因此可能会选择一走了之。

选择D：你是沮丧型的女子，爱情EQ很低。你很难走出失去失恋的打击，不能接受旧恋人的离去，要想方设法尽快摆脱那段阴影。

☆温馨提示☆

对待爱情，不应该太多固执和沮丧，时时刻刻都应该保持一种理智的态度，这样才会收获甜蜜。

6. 恋爱中你会遇到什么麻烦

　　美丽的爱情在不经意间就悄悄降临到了你的身上，在所有人的眼里，你们都是天底下最幸福的一对。可是爱情的道路上并不是一帆风顺的，有的时候也会狂风暴雨、波涛汹涌，给你们带了一些不可避免的麻烦。身处爱情中的你，是否也想过自己会遇到哪种麻烦呢？

1. 你每个月都会花费大量的钱在衣服和化妆品上面吗？

　　A. 很少，我并不在乎衣服

　　B. 有点多，不过我在其他方面是比较节省的

　　C. 的确不少，因为看到别人有，我心里不舒服

2. 你常常阅读一些关于爱情的杂志和书籍吗？

　　A. 喜欢，还常常会被其中的故事情节感动得痛哭流涕

　　B. 有时候会，不过多是在爱情不顺的时候

　　C. 很少，我觉得书上的都是假的

3. 你认为自己是一个会控制情绪的人吗？

　　A. 是的，即使有时候非常愤怒，我也会努力克制

　　B. 很难说，有时候会克制不住自己的情绪

　　C. 不是，我经常会无缘无故地生气

4. 在你的想象中，天堂应该是一个什么样的地方？

　　A. 里面有很多谈得来的好朋友

　　B. 充满祥和与幸福，里面没有坏人

　　C. 非常新奇，里面有各种各样的人

5. 早上醒来的时候，你会不会非常迷惑，不知道自己今天应该做点什么？

　　A. 不是，觉得有很多事情要做，感觉时间不够用

　　B. 知道应该做什么，但是会害怕一个人独处

　　C. 是的，觉得生活很空虚，感觉自己像行尸走肉

6. 如果有一天，你选择隐居，那么你将会选择一个什么样的地方呢？

　　A. 一个无人知道的岛屿

　　B. 别人永远也找不到的世外桃源

C. 崇山峻岭、人迹罕至的地方

7. 有一天你坐飞机去旅游，突然机长宣布因为遭遇不良天气，飞机有可能坠毁，此时你最想做的事情是什么？

　A. 打电话给自己最爱的人，告诉他你此时最想说的话

　B. 坐立不安，但仍想亲眼目睹生命的最后一刻

　C. 虽然很惊慌，但觉得担心也是无济于事，不如好好睡一觉

8. 你觉得自己是一个超级自恋的女孩子吗？

　A. 不是，我照镜子的目的只是为了整理仪表

　B. 偶尔是，一般是在得到朋友的夸奖之后

　C. 不是，我最怕照镜子了，因为我担心会爱上自己

9. 你是否有过轻生的念头？

　A. 是的，并且还尝试过

　B. 在遇到不如意的时候，就难免会想到死

　C. 偶尔会想，因为我对死是非常恐惧的

10. 如果你只能选择下面的一个人作为终生依靠的伴侣，你会选择那一个？

　A. 志同道合的

　B. 外貌较好的

　C. 多金多钱的

结果分析

以上各题，选A得5分，选B得3分，选C得1分。然后计算总得分。

40分以上：你的爱情可能会遭遇亲戚朋友的反对。你是一个固执的女孩子，在追求爱情的道路上常常是义无反顾、毫无顾忌，根本不去顾及家人和朋友的感受，因此可能不会得到他们的祝福，迫于这些压力，你可能会选择分手。

31～40分：你可能会因为和恋人的意见不合而分手。你本身是一个十分要强的女孩子，在很多问题上都会坚持自己的想法，与恋人互不相让，很

多时候会不欢而散。久而久之，你会厌倦这种生活，很可能就会向恋人提出分手。

21～30分：你可能会遭遇跟情人个性不合的麻烦。你跟恋人都喜欢包装自己，都希望让对方觉得自己是天底下最优秀的。但是交往之后就会原形毕露，双方的缺点就会一一展现在对方面前，你们之间似乎除了争吵就没有什么共同点。其实如果都肯向后退一步，你们之间的感情就会海阔天空。

20分以下：你们之间可能会遭遇第三者。你是一个凭感觉寻找爱情的女孩子，常常会把对方的欣赏错认为喜欢，等到对方接到你求爱的信号之后，你们很快就会产生一段感情。但是，相爱简单相处难，你们之间的感情来去匆匆，尤其是当第三者出现在你们面前的时候，感情天平的砝码可能就会发生倾斜。

☆ 温馨提示 ☆

　　每段恋爱都不是一帆风顺的，但是爱是一种责任，既然选择了就应该去坚守，去维护，只要相互理解，相互信任，就一定会追求到属于自己的幸福。

7. 你有爱情恐惧症吗

现在，有很多的女性都不同程度地患有爱情恐惧症，因此她们往往不敢涉足爱河，也就不能够享受到爱情所带来的愉悦。那么你是否也患有爱情恐惧症呢？下面的这个测试可能会给你一个答案。

如果你乘坐的飞机发生了故障，必须迫降，只好在异国过年，你觉得迫降在哪一个地点，你可以勉强接受？

A. 在北极冰雪中的冰屋里 B. 在依索匹亚的荒原中 C. 在阿拉伯的沙漠中

结果分析

选择A：你有显性的承诺恐惧症，因为说话算话的你，在还没有决定之前是绝不轻易给对方承诺，因为说出口就得兑现，所以选这个答案，只要你说出口，另外一半就会觉得，他是世界上最幸福的人了，因为你会承诺他一辈子。

选择B：你有隐性的爱情承诺恐惧症，因为只相信脚踏实地经营爱情的你，不觉得山盟海誓会成真，但是如果对方施压力的话要你给承诺，你也会勉为其难地认命把承诺说出来。

选择C：你对爱情没有爱情恐惧症，因为在爱情方面你会选择及时行乐，觉得两人世界快乐最重要，如果说承诺就能让对方开心的话，何乐而不为呢？其实这类型的人，为了让对方开心什么话都说得出口，管他明天会发生什么事情，两人世界甜甜蜜蜜、开开心心你就觉得是最重要的事情。

☆温馨提示☆

可以想象一下，如果这个世界上没有爱情，那将会是怎样的一个世界？如果人人都在为物质、为金钱而活，岂不是会错过生命的很多美好。所以，不要害怕爱情吧，你会从中找到心跳的感觉。

8. 你会因为什么放弃爱情

每个女孩子都渴望拥有爱情，但是有的可能会因为一些其他原因不得不放弃已经拥有的爱情。那么，你会因为什么原因放弃自己的爱情呢？

假如给你一条红丝带，你会把它系在身体的哪个部位？

A. 手指或手腕上 　　**B.** 脚踝上 　　**C.** 胸前 　　**D.** 头发上

结果分析

选择A： 在你眼中，金钱、名誉、地位要比爱情重要得多。你认为稳定的经济基础是建立家庭的最重要的条件，只有衣食无忧才可以结婚，才可以生儿育女。如果这个条件不成熟，你会放弃结婚。面包比爱情重要，这是你一贯坚持的原则，如果二者有所冲突，你首先会放弃爱情。

选择B： 你是一个知性的女子，会为了学业和工作放弃自己的爱情。在你看来，如果因为恋爱耽误了自己看书学习和工作的时间，你会觉得不值得，此时你就会考虑放弃爱情来成全自己的学业和工作。

选择C： 健康休闲在你心中摆在第一位置！你常常为因为上街或者去健身房而放弃和恋人的约会，因此在这点常常会遭到恋人的抱怨。同时你对环境整洁干净的要求比他人苛刻。在你看来结婚前双方去进行婚前检查是很必要的环节！

选择D： 你认为生活中，自己的兴趣嗜好是最重要的。你喜欢周末的时候逛逛书店、翻阅杂志或者去参观博物馆自得其乐，似乎这些娱乐比约会更容易让你获得简单的快乐和享受。所以你宁愿为了自己的嗜好去割舍自己的爱情。

☆ 温馨提示 ☆

鱼和熊掌不可兼得。当你放弃自己爱情的时候，你首先应该考虑一下，值不值得。

9. 你拥有"奴役"男人的天赋吗

　　或许你是一个温柔如水的女子，或许你非常霸道，或许你天生丽质，或许你相貌平平。但是，在爱情当中，你是否想过让心爱的男子对你俯首称臣？或许你根本想都不用想，他就会把自己的心肺掏出来给你。

　　想不想知道你是否拥有"奴役"男人的天赋？那就赶快进入下面的这个测试吧！

1. 如果你已经决定去哪里吃饭了，你会采取与男朋友相反的意见吗？

　　A. 会。前进到第2题

　　B. 不会。前进到第3题

2. 谈恋爱的时候，遇到意见不一致时，你们多会采取谁的提议？

　　A. 男朋友的。前进到第3题

　　B. 我的。前进到第4题

3. 遇到可爱的玩具或是宠物时，你会不会也跟着装出可爱的样子？

　　A. 会。前进到第4题

　　B. 不会。前进到第5题

4. 你是否经常向你的男朋友撒娇？

　　A. 是的。前进到第5题

　　B. 不是。前进到第6题

5. 周日，你和男朋友选择去做一项运动，你会选择？

　　A. 游泳。前进到第6题

　　B. 跑步。前进到第7题

6. 你们凑巧遇到了一个共同的假期，此时你会选择做什么？

　　A. 出去玩。前进到第7题

　　B. 哪也不去，在家里享受两人世界。前进到第8题

7. 你们本来计划去爬山，遗憾的是外面下雨了，此时你们会？

　　A. 不甘心，准备冒雨去爬山。前进到第8题

　　B. 放弃这个打算，考虑做其他的事情。前进到第9题

8．男朋友的穿衣风格是？

    A. 休闲运动类。前进到第**9**题

    B. 时尚个性类。前进到第**10**题

9．男朋友亲自精心准备了一次烛光晚餐，你对他的印象会？

    A. 认为他是世界上最完美的男人。前进到第**10**题

    B. 他的形象在你心目中又高大了，但是距离完美还很远。前进到第**11**题

10．你敢和自己的父母顶撞吗？

    A. 会的。前进到第**11**题

    B. 从来没有过。前进到第**12**题

11．你觉得大男人的定义是：

    A. 关键时刻能保护女生的男人。前进到第**12**题

    B. 让人有安全感的男人。前进到第**13**题

12．如果一个陌生的男人想要和你说话，你会觉得？

    A. 蛮好奇的，可以聊一下。前进到第**13**题

    B. 太无聊了。前进到第**14**题

13．在你的印象中，认为哪种男生会比较酷一点？

    A. 忧郁王子。前进到第**14**题

    B. 阳光大男孩。前进到第**15**题

14．因为工作紧张，男朋友偶尔会向你抱怨工作上遇到的麻烦事，你觉得

    A. 他很烦，这种事情自己又帮不了他。前进到第**15**题

    B. 很愿意帮助他，并提供自己力所能及的帮助。前进到第**16**题

15．如果你穿着很暴露的衣服出门，你的男朋友不让你出门，你会？

    A. 不换掉，认为自己喜欢就好。**A**型

    B. 换一件他比较喜欢的。**B**型

16．如果遇到一个不喜欢说话的男生，你会觉得？

    A. 他很羞涩，需要一个人去呵护，去爱惜。**C**型

    B. 伪君子。**D**型

结果分析

A型：想要让你的男朋友不离开你，讨好他的长辈和晚辈是最有效的办法。因为你的男朋友是一个非常注重亲情的人，他对长辈十分孝敬，对孩子十分喜欢，如果你能够使老人、孩子都站在自己这边的话，他可能会因此遭到很多人的谴责。

B型：你通常会装出小女人的样子来使你的另一半听你的话。你的EQ非常高，清楚地知道如果想要奴役一个男人，就一定要先把面子做给对方，而当男人很有面子时自然就会听你的话。

C型：你往往通过姣好的外形或是超高的做饭技术来奴役你的另一半，因为你的另一半对这些非常有兴趣。你这种类型的女孩子自信心很强，只要觉得自己是最优秀的，对方也一定会是最优秀的，不管是在外形方面还是在厨艺方面。

D型：你的大女子主义会吓到你的另一半。通常来讲，你是一个十分凶狠的女王，认为对男人太好会把男人宠坏的，而且只有你凶狠起来，他才会听你的话。

☆温馨提示☆

不管是恋人还是夫妻，双方都应该是平等的，因为每个人都是属于自己的，不属于任何人。

10.　手提包泄露你的爱情秘密

　　每个女孩子都有自己喜欢的小包，但是你知道吗，你喜欢的小包会泄露你的爱情秘密哦！是不是不相信，那么来测试一下看看准不准？一般来讲，你喜欢哪种类型的小包？

A. 喜欢简单大方、小巧规整、素洁淡雅的包包

B. 喜欢公文式背包式的手袋

C. 喜欢漆皮包

D. 喜欢纱网，尼龙包

结果分析

选择A：你是一个"传统奉献"的女子，为了家庭和事业，你会牺牲自己的一切。因此，你希望爱人能够像亲人一样关怀你，而且你不希望他有多浪漫，你认为保守、传统、安全的婚姻才能够给你一生的幸福。

选择B：你是一个"专一保守"的女人，虽然你在生活上很传统、很保守，但是你的目标坚定、理想远大、感情细腻、善于理财，常常会按照自己的方式来追求一生的幸福。

选择C：你是一个"浪漫执著"的女子，希望自己能够得到多姿多彩的爱情，而且对爱情十分信任，一旦认定了是自己想要的，就不会轻言放弃。

选择D：你希望能够找到与自己"气味相投"的对象，你认为作为恋人，应该有共同的理想和目标，尤其应该个性相投，这样在自己需要时，恋人才能够伸出援助之手。而且，你特别讨厌那些心胸狭窄的男人。

☆ 温馨提示 ☆

你的爱情秘密有多少，是不是在不经意间，你的小包就把它给泄露了。

11. 恋爱中你有什么弱点

南太平洋的一个珊瑚岛上，脚下是温柔的白沙、四周是淡蓝的海，头顶是湛蓝的天空。这时，有一个美女独自漫步，她有着美丽的金发和健康的皮肤，还有模特般的身材，而且一丝不挂。那么，她为什么会一丝不挂呢？选择你认为最可能的理由。

A. 那是天体营俱乐部的小岛，里面的成员都保持最原始的打扮

B. 她可能以为自己是穿着泳衣的

C. 她是个女演员，因为剧情需要

D. 岛上只有她一个人，穿不穿衣服无所谓

结果分析

选择A： 你天生是个对什么事情都很认真地人，在恋爱上会受到社会道德的规范和束缚，不会越雷池一步，而且一旦恋情出现问题，就会十分自责，认为是自己的错。恋爱中的弱点是受伦理观束缚太重。

选择B： 日常生活中，你常常会认为自己的自然条件或者社会条件不好而放弃可能属于自己的爱情，其实不是你缺少魅力，而是你缺少自信，害怕失败。恋爱中的弱点是自卑感太重。

选择C： 你是一个典型的完美主义者，做什么事情都要求十全十美，爱情也一样，正是这种心情使你恋爱的脚步受到了羁绊。金无足赤，人无完人，如果一味地苛求，结果可能是一场空。恋爱中的缺点是完美主义观太强。

选择D： 在恋爱的过程中，你往往非常在意周围人对你的评价，试图得到所有人的祝福，以致这种观点太过强烈，而使自己的恋爱失败。恋爱中的缺点是缺少对立的价值观。

☆ 温馨提示 ☆

恋爱中，谁都有自己的弱点，只要能够克服，恋情定会更加美满。

12. 你能感受到情人的心思吗

一个初夏的傍晚，风还带着丝丝凉意，而且下着蒙蒙的细雨，一对恋人相约在某地见面。女孩远远地跑了过来，走近时男孩才发现因为没有带伞，女孩儿淋了点雨，你设想男孩的手会先碰触女孩哪里？

A. 温柔地牵起她的小手

B. 摸着她的长发

C. 摸着她的额头，看是否因为淋雨发烧

D. 摸着她的手臂，看有没有冻得发抖

结果分析

选择A：你对情人的心思的感受力属于"忽略型感受力"。对情人心思的洞察属于射手座、天蝎座、狮子座的类型，这种类型的女孩子常常会忽略掉恋人的心思，一味满足自己的心理。

选择B：你对情人的心思的感受力属于"细腻型感受力"。对情人心思的洞察倾向巨蟹座、处女座、双鱼座的类型，他一点点微妙的心思变化你往往都能够感受得到，感受力极为细腻。

选择C：你对情人的心思的感受力属于"理性型感受力"。对情人心思的洞察倾向双子座、水瓶座的类型，你常常会用推理的方式来猜测对方的心意，即使有的时候这种推理方式不正确。

选择D：你对情人的心思的感受力属于"易变型感受力"。对情人心思的洞察倾向白羊座、金牛座、天秤座的类型，一般来说，你往往能够感受到情人的心思，但是环境气氛的变化会影响你的敏感性。

☆ 温馨提示 ☆

关心恋人，不仅要关心恋人的身体，还要体会到恋人的心。

13. 对他会不会管得太多

　　都知道女人喜欢唠叨，恋爱中你是不是事无巨细，事事亲自过问啊？但你想过没有，这样会不会管他太多？

　　早上你特意为他做早点，但是他还是想睡，你下一步会怎么样？

A. 自己先吃，对方的就在桌上

B. 谁知道他什么时候起，干脆把他那份也吃掉

C. 短时间会懒得再帮对方做早餐

D. 不高兴，觉得对方太过分

结果分析

　　选择A： 你会依自己的心情去管他。这种类型的女人对于感情的态度是公平型，她会随着俩人感情的进度以对方对她的态度来决定彼此相处的模式。

　　选择B： 你懒得去管他，你抱着随缘与尊重的心态经营感情。这类型的女人由于之前的经验累积，对于爱情有了更成熟的态度，认为感情就是要靠双方的经营以及努力维持才是最好的方法。

　　选择C： 这类型的女人刚开始会为了爱对方而压抑自己爱掌控事务的个性，可是如果对方实在承担不了，她就会受不了，开始全权掌握一切事情。

　　选择D： 你对他管得太多了。具有强烈母爱的你想照顾他，把他当成孩子管，所以事无巨细地管。这种类型的女人控制欲很强，她想掌握对方的一切，大小事情都想要帮对方处理，往往让另一半觉得喘不过气，想要逃开。

☆ 温馨提示 ☆

该管不该管，要怎么管，这是一门学问，也是一门艺术。

14. 你会是个负心的女人吗

恋爱不是一帆风顺的，谁都不能避免分手的可能，但导致这种结果的原因是因为你的男友做了"陈世美"，还是你做了负心女呢？结果都有可能。那么你会是一个负心的女人吗？如果想知道结果的话赶快做一下下面的测试吧！

你偶尔得知，你的爱人过去曾有抛弃别人的记录，这时你会？

A. 已经是过去的事情了，与自己无关

B. 追问具体原因，替受害者讨回公道

C. 立即与其分手

D. 表面保持平静，但内心会多加提防

结果分析

选择A：你对爱情抱有理智和客观看法，认为不能因为一个人的过去就宣判他的罪行。一般来讲，你不会拿以前的旧账来说事，更不会钻牛角尖，对什么事情都是小而化之。同时你对自己的选择很有信心，但这种自信很可能导致你被骗。

选择B：你会对恋人的旧事抓住不放，认为自己就是评判对错的法官，道德意识比较强，而且喜欢翻旧账，吹毛求疵。从心理学的立场来讲，你可能有一点神经质的倾向，安全感和归属感比较薄弱。因此爱情道路上会走得很累。

选择C：你是一个具有心理洁癖倾向的人，在爱情的道路上眼里容不得一点砂子，认为爱情是绝对地纯洁、浪漫和美好的。所以一旦发现对方在某些方面存有瑕疵，就会不顾一切地抛弃所有的感情和过去，宁为玉碎，不为瓦全。

选择D：你对自己缺乏一定的自信，依赖性非常强，即使发现恋人以往有不可告人的前科，也不敢发表意见。与其说这种类型的女孩子渴望爱情，倒不如说她渴望找到避风港，而这个人是不是真的爱她，有时候并不重要。

☆温馨提示☆

爱情的道路上，有时候是分不清谁对谁错，或者是谁负了谁的，因为如果对他或者她的爱没了，勉强在一起也就没有任何意义了。

第四章
该怎么看待自己的婚姻

生活中，每个女人都羡慕神仙眷侣般的夫妻生活，都希望自己能够成为幸福童话中的女主角。塞缪尔曾经说过："婚姻的成功取决于两个人，而一个人就可以使它失败"。长期的婚姻生活中，磕磕绊绊在所难免，有时候甚至会影响到婚姻的质量。只是，身为女人，你能够驾驭自己的婚姻生活吗？

1. 你的结婚欲望强烈吗

已经到了"女大当嫁"的年龄，而且走过了几年的恋爱路程，看着朋友纷纷走进了结婚的殿堂，此时的你是否也有着强烈的结婚欲望呢？来测试一下吧！

婚礼上，面对打扮好的新娘，在无意间最引你注目的是她身上的哪样装饰？

A. 戒指　　　**B. 花束**　　　**C. 面纱**　　　**D. 礼服**

结果分析

选择A：你很有人缘，不乏追求者。结婚时机不会很早，也不会很晚。

— 104 —

选择B：你在恋爱中常有相恋不一定要结婚的观念，所以即使有对象了，也不可能太早结婚，属于晚婚型。

选择C：你很容易太早就谈恋爱，同时还是希望尽快可以和对方生活在一起的早婚型。

选择D：老实说，你的结婚欲望真的比一般人强，但往往在细节问题上，导致欲速则不达的结果。

☆ 温馨提示 ☆

如果已经到了适婚的年龄，又有强烈的结婚愿望，那就结婚吧！或许婚姻生活会带给你另一种幸福。

2. 你适合怎样的婚姻生活

很多人都说结婚需要很大的勇气。之所以有这样的感慨，很大原因就是不知道自己是否适合以后的婚姻生活。来做下面的这个小测试，或许会找到自己适合的婚姻生活。

假设你准备进行一次旅行，你可能会选择什么旅行方式？

A. 随团去旅行

B. 一个人驾车出游，还会带上心爱的宠物

C. 和家人一起去旅行

D. 和爱人一起享受浪漫之旅

结果分析

选择A：选择这个答案的女孩儿，往往在团体中才能够感到安心。我们知道，跟随旅行团出游特别方便，而且安全，最重要的是有人替自己打理、安排好，自己不用操心。婚姻也是如此，你渴望自己能够生活在一个家庭成员关系比较好的家庭，不允许自己与家庭有任何脱节。

选择B：选择这个答案的女孩子十分富有爱心，从出游也带上宠物这一点就可以看出。所以，婚后你会特别重视孩子，你喜欢跟孩子们在一起笑闹嬉戏，扮演孩子王的角色。因此没有孩子的婚姻绝对不适合你。

选择C：选择这个答案的女孩子一定是非常爱家，和全家一起出外旅游就足以证明，对你来说，家人就是无价之宝。结婚之后你会特别恋家，任何事都比不上回到家里的感觉更让你幸福。

选择D：选择这个答案的女孩子非常重视在以后的婚姻生活中能够与自己的另一半达成互动，你认为在任何时候，婚姻生活都应该像恋爱或者新婚的时候一样甜蜜。

☆ 温馨提示 ☆

结婚，不仅仅是嫁给一个人，更是嫁给一种生活。

3. 目前的你适合结婚吗

看到身边同龄的朋友和同事都纷纷走进了婚姻的殿堂，你是不是也心有所动。但是目前的你适合结婚吗？来测一下吧！

假如一时兴起，你和男朋友随便去买了一张彩票，彩票在你的手里，结果最后你发现竟然中了五百万。此时你会如何处理呢？

A. 跟男友一起挥霍掉　　**B.** 一半存起来，一半自己用

C. 把钱全部给男友　　**D.** 闷不吭声一个人独占

结果分析

选择A：立刻结婚型。你十分渴望走进婚姻，如果可以的话，要你立刻结婚也没问题。因为你早就打听好哪家喜饼好吃、哪家婚纱棒、哪家饭店有折扣了，你的准备工作都已完成。只不过这样容易会给另一半造成不小的压力，彼此多沟通会比较好。

选择B：时机成熟型。你认为自己目前适合结婚了，只不过对另一半你有所不满，所以会选择一个人独占所有的钱。你的如意算盘是骑驴找马，走一步算一步，找到更好的就甩了现在的，找不到就凑合。

选择C：时机未到型。你认为"结婚"是件离你很遥远的事，可能是你交往的对象不能让你有托付终身的信心，也可能是现在的他根本让你不敢指望有未来，总之你会暂时维持现状一阵子，然后再慢慢思考其他的可能性。

选择D：你是典型的不婚主义型。你压根不想进去这个恋爱坟墓。目前的你很难放弃自由自在、尽情玩乐的生活。但是好男人很容易会被抢走，如果不是坚定的不婚主义者，该留意的时候还是要把握，不然到最后很可能会徒留遗憾，望人兴叹而已。

☆温馨提示☆

如果能够在合适的时间、合适的地点，遇见一个合适的人，便是今生莫大的幸福啊！

4. 你是个让人讨厌的醋坛子吗

吃醋是恋人之间常有的事情，不可否认偶尔吃醋不仅会让对方觉得你很在乎他，还可以增进你们夫妻之间的感情，但是如若把吃醋当作家常便饭，就不免令人生厌了。

夏日的傍晚，你和老公在附近的公园散步，突然看到一位父亲带着儿子拿着打火机不知道在点什么？你认为他们会点什么呢？

A. 蚊香　　　**B.** 烟花棒　　　**C.** 蜡烛　　　**D.** 木材堆

结果分析

选择A：你善于隐藏自己嫉妒的火花，看到恋人和其他女孩子说笑，会把醋吃在心里，但是表面看起来胸怀特别宽阔，一副什么都不在乎的样子。判断这点的根据是蚊香不大好点燃，往往烧上一会儿才会冒出火星。对你来说，偶尔吃醋也是十分必要的。

选择B：玩过烟花棒的人都知道，烟花棒一点燃就能够发出耀眼火花，但这只是瞬间的事情，灿烂之后火花很快就会熄灭。所以，你是那种情绪来得快去得也快的女孩子。

选择C：蜡烛的用途主要是用来照明，因此它发出的光不耀眼，更不会瞬间就会熄灭，这象征着你的醋意细水流长。因此，你常常会有事没事制造一些事情来争吵，你的醋意一直在心里，是难以释怀的。

选择D：木柴是不易点燃的，但是一旦点燃，就会一发不可收拾。选择木材的女孩子，往往在人多的时候压抑自己的醋意，但一旦等到两人独处，则往往会爆发出来，如同木柴被点燃之后一发不可收拾，久久难以平静。这种类型的女孩子最容易因为嫉妒而去报复。

☆温馨提示☆

塞万提斯如是说："吃醋者永远通过望远镜看事物，它把小事变成大事，把矮人变成巨人，把推测变成事实。"

5. 你对伴侣哪方面最宽容

两个人生活在一起，难免会磕磕碰碰，但只要彼此都能够拥有一颗宽容的心，婚姻中就没有过不去的坎儿。那么，身为妻子，你注意过没有自己对丈夫的哪点儿最宽容呢？

假如你是一个被诅咒的公主，等待你的有四种命运，你会选择哪一种呢？

A. 一打喷嚏就变成大母猪的公主　　**B.** 每到夜晚就变得丑陋无比的公主

C. 一生气就变成猴子的公主　　**D.** 一碰水就变成癞蛤蟆的公主

结果分析

选择A： 你对伴侣与其他异性之间的暧昧关系最宽容。之所以会这样，是因为你太爱对方了，所以会一而再、再而三地容忍他的这些原则性的错误。如此一来，对方也会一而再、再而三地惹你伤心。

选择B： 你对伴侣的生活习惯最宽容。你认为每个人都不是完美的，都有自己的生活习惯，所以应该尊重，而不是谴责。你认为只要伴侣不出现什么原则性的问题，即使是懒一点，调皮一点也没有关系，这样反而会增加一点情趣。

选择C： 在赚钱方面你对伴侣十分宽容。你认为只要是伴侣努力了，钱多钱少无所谓，只要他很爱你就行。而且，你会和伴侣一起去为你们未来的生活打拼，两个人能够同甘共苦，这种感觉让你觉得日子很实在。

选择D： 你对自己的另一半更多的是严格而不是宽容。对待自己的伴侣，你简直就像是一个老师或者一个教官，不管在任何方面，你对他都非常严格，如此一来，常常会让你的伴侣感觉自身的压力很大，甚至会受不了。

☆温馨提示☆

两个人生活在一起，宽容是必须的，但是过犹不及，小心把他给宠坏了哦！

6. 你很期望"嫁入豪门"吗

　　每个女孩子都想成为豪华宫殿里那个幸福的王妃，都幻想麻雀变凤凰。你是不是也希望自己能够成为童话里的那个灰姑娘，内心也有嫁入豪门的情结。不妨来明确一下吧！

　　你和男朋友相约到从没有去过的街角的那家咖啡厅喝咖啡，在你的想象中，店里的椅子应该是哪一种呢？

A. 简单的高脚椅　　　　**B. 有椅背的木椅**　　　　**C. 软绵绵的沙发**

结果分析

　　选择A：期望嫁入豪门的程度指数为零！在你的意识里，豪门大宅往往会束缚一个人的自由，认为一旦嫁入豪门，就很难再随心所欲地生活了，因为你是一个崇尚自由的人。不过，虽然你并不期望嫁入豪门，但有不经意就闪电结婚的先兆。

　　选择B：期望嫁入豪门的程度指数只有50%！对你来说，安定幸福的生活最重要，你只希望遇到一个适合自己的男子，不管他的家世背景和富有程度如何，只要两个人真心相爱，就一定会幸福。

　　选择C：期望嫁入豪门的程度指数高达100%！你一直都觉得自己应该是一个高贵的公主，然后遇见心爱的王子。不管现实生活如何，你都不愿意放弃这个念头。其实现实和理想有很大的差距，高贵的王子有可能只存在于童话中。所以，还是立足现实吧，否则内心会产生巨大的心理落差。

☆温馨提示☆

　　嫁入豪门，一辈子衣食无忧，是多少女孩子心底的梦想，但是豪门的门槛很高，不是轻易就能跨进去的哦！

7. 你认为夫妻之间应该有秘密吗

有人认为夫妻之间应该是完全透明的，自己所有的事情和秘密都应该让对方知道，这样才能够增加彼此的理解和信任；但有的人则认为每个人都是一个独立的个体，都应该有自己独立生活的空间。那么你怎么看待这个问题呢？

你无意间看到一个娇小的女孩子站在一个男孩儿面前哭泣，你觉得可能发生了什么事情？

A. 男孩对女孩的爱让女孩不忍拒绝，但又无法接受

B. 可能是男孩心情不好朝女孩发脾气

C. 可能是男孩拒绝了女孩的爱意，伤了女孩儿的自尊

D. 男孩又在表现他的大男子主义

结果分析

选择A：选择这个答案的女孩子总是会向自己周围的人大肆宣扬她对伴侣的忠诚度，平时也会对伴侣表示自己对他绝对忠诚。但是行动起来则往往是另外一种样子。

选择B：你是一个心地善良的女孩子，但是会经不起突如其来的诱惑，会因为虚荣而去寻找情人，因为内心不安又想对伴侣负责。

选择C：选择这个答案的女孩子在情感方面表现比较主动，往往是对方还没有表达，自己就会抢先一步表达出来，这种态度是绝对坦诚的。

选择D：选择这个答案的女孩子心机较重，十分善于掩饰自己，因此伴侣往往猜不透她在想些什么。

☆ 温馨提示 ☆

每个人都先是自己，然后才是婚姻中的某种角色，如果在对方面前完全是透明的，肯定会窒息而死。

— 111 —

8. 你是一个合格的妻子吗

当你挽着他的手臂，走进婚姻殿堂的那一刻，内心一定暗暗发誓，一定要做一个合格的妻子。几年过去了，你是一个合格的妻子吗？来检测一下吧！

1. 你会按照丈夫的喜好来挑选自己衣服的颜色和款式吗？

2. 你能否与丈夫的家人、朋友、同事和睦相处？

3. 你常常会变换花样，来做他喜欢吃的各种饭菜吗？

4. 你是不是努力去喜欢丈夫喜欢的事情，认为这样才有更多的共同语言吗？

5. 你给丈夫在他的私人事情上有完全的自由吗？

6. 你是不是从来不拿丈夫与那些所谓成功的人士比较？

7. 你会尽力打扮自己，让他天天对你有一种新鲜的感觉吗？

8. 你了解丈夫在事业上的进展吗？

9. 你能否在两个人争论不休的时候给丈夫一个诚恳的微笑吗？

10. 你愿意和丈夫一起看他喜欢的足球而放弃自己喜欢的电视剧吗？

结果分析

如果你的答案是肯定的，得3分，如果是否定的，得1分。计算你的总分。

20分以下：你现在还不能称之为一个合格的妻子，但是不要泄气，可能是因为相处的时间较短或者是双方缺少交流，以致你没有掌握好夫妻相处的技巧。工夫不负苦心人，只要你努力，就一定会成为一个合格的妻子。

20分以上：恭喜你，你是一个非常合格的妻子，不管在事业上还是在生活上，你都能够给丈夫提供及时而有力的帮助，他也一定会因为你的柔情万种和良苦用心而备受感动的。但是有一点你需要注意，千万不能因为丈夫而迷失自我。

☆ 温馨提示 ☆

身为人妻，就应该做到妻子应该做到的一切，否则你承担这个角色只能是失败的。但一定要注意，你首先是你自己。

9. 你能与丈夫同甘共苦吗

很多夫妻，曾经山盟海誓，看起来彼此相爱，但是在困难面前，很可能就是"大难临头各自飞"；还有一些夫妻，能够一起吃苦受难，但却不能够一同品味甘甜。你呢，是否能够与丈夫同甘共苦？

周日下午，你突然觉得肚子有点饿，于是打开冰箱想找点吃的，这时你最想吃哪一种食物？

A. 臭豆腐和榨菜   **B.** 蛋糕甜点

C. 干粮饼干   **D.** 泡面

结果分析

选择A： 你是一个善良的女性，在婚姻中极其负责任。很多时候，面对一些苦难或者欢乐，即使你不愿意，都会基于责任和义务与他一起同甘共苦。

选择B： 表面看来，你是一个适合过日子的女子，但是一旦丈夫遭遇某些困难，你就会考虑和他在一起到底值不值得，之后很可能就会离开。

选择C： 你是一个可以和伴侣一起吃苦的女子，但是当你们的日子渐渐走上正轨，一切都向好的方面发展的时候，你可能会选择离开。简单来说，你和伴侣可以一同吃苦，但是却不能一起享乐。

选择D： 你认为爱情是无所谓贫穷和富有的，认为只要爱上一个人，就应该全力去爱下去，不管他是贫穷还是富有。

☆温馨提示☆

什么是爱，一千个人可能会有一千种不同的回答，但是，很多人肯定都会同意这样的观点，即不能与爱人同甘共苦的爱肯定不是真正的爱。

10. 爱情与面包，你怎么选择

爱情不能当饭吃，这是挂在很多女性嘴边的一句话；但还有一些女性认为，如果没有了爱情，吃饭还有什么滋味。一直以来，爱情与面包都让很多女人难以取舍。那么，在你婚姻的天平中，砝码会更偏向哪一面？

请用你的大脑想象这么一幅画面：一条曲曲折折的小路边，开满了各种各样的小花儿，蝴蝶在上面翩翩起舞，湛蓝的天空中有小鸟和飞机飞过。如果让你在这个画面上画上地平线，你会选择画在哪里？

A. 飞机和小鸟之间　　　**B. 鸟和蝴蝶之间**　　　**C. 最低位置**

结果分析

选择A：从你想象的画面不难看出，A与B、C比起来地面空间要大得多，而天空的空间则比较小，所以意味着你只看接近地面的空间，眼界较低，也就是理想和现实都比较低。但另一方面说明你做什么事情都是脚踏实地，但是因为太过现实而缺少罗曼蒂克的浪漫。

选择B：你是一个非常容易满足、踏实顾家的女子，认为只要不必为生活发愁，即使生活没有变化也是无所谓的。只要能够和家人平平安安、快快乐乐地生活在一起，就是最大的幸福了。

选择C：选择这个答案的女孩子，是典型的理想主义者，因为从画线的位置就可以看出你会给自己留下很大的空间来幻想，始终在想象"像鸟和蝴蝶般在空中飞翔"的景象。在爱情和面包之间，如果不是生活过不去，你不会选择放弃浪漫的爱情。

☆温馨提示☆

爱情和面包，这是一个很现实的问题，但是物质基础决定上层建筑，如果连供给吃饱的面包都没有了，还有精力谈情说爱吗？

11. 你会是个怎样的太太

婚姻生活中，你是一个怎样的太太呢？是贤妻良母还是优秀妻子？想不想知道明确的答案，赶快进入下面的这个测试吧！

假设你是童话《小红帽》的主角，家里还有一个妹妹。有一次，你们一同探望患病的外婆，但是却忘记了带在路上吃的东西，于是妹妹回家去取。她走后你发现有一大片草莓，于是摘了很多。妹妹回来后看到这么多的草莓，很奇怪地问道："你从哪里弄来这么多草莓啊！太奇怪了！"这时你会怎么回答？

A. 附近有很多草莓，我去摘的

B. 谁让我是你姐姐呢，所以就有办法弄到了

C. 哈哈……因为你姐姐的本事比较大

结果分析

选择A：你是典型的贤妻良母。你会在丈夫的背后默默地支持他做任何事情，必要的时候可能会奉献你的一切，而且不会与他争功。你认为只要认认真真地帮助丈夫守护一个家，建设一个家，就是世界上最大的幸福。

选择B：你是一位优秀的妻子。从认识丈夫开始，你就毫不掩饰地把一个优秀妻子所具有的品质给显示出来了。事实证明丈夫的成功离不开你的协助，虽然你偶尔会摆出领导的面孔来，但并不影响丈夫对你的信赖。

选择C：你是典型的事业型女子。你认为自己如果长期埋没在没完没了的家务之中，简直是大材小用，因为你有信心也有能力去做自己想做的事情，而且一定能够成功。甚至当家庭与事业发生矛盾的时候，你会放弃家庭来成全事业。

☆ 温馨提示 ☆

婚姻对女人的要求很高，不仅要求她们做好自己，还要求她们做个好太太，唯有如此，才能给自己和家庭带来幸福。

12. 你会使用家庭暴力吗

现在社会，暴力不仅仅存在于男性身上，也出现了很多"野蛮女友"。那么，你会使用家庭暴力吗？不要觉得不可思议，下面这个测试可能会告诉你答案。

假如午夜你从感觉恐惧的噩梦中醒来，但是恰巧又遇见停电，此时，你最害怕出现下列哪一种情形？

A. 走廊上传来沉重的脚步声。

B. 朦胧的夜色下，窗外突然闪过一个黑影。

C. 沉沉的黑夜中，隐约听见有人哭泣。

D. 不知道因为什么原因，房间的门突然被打开。

结果分析

选择A：你把婚姻中的暴力看得很简单，甚至认为这是一种非常正常的举动，对方不应该太过于在意的。而且很多的时候，你往往只在乎自己的利益，不管对方的感受。但是有一点，当对方忍无可忍的时候，你们的婚姻将面临着解体的危险！要知道，夫妻之间是以尊重为根本的。

选择B：你不喜欢向人表达自己的感受，包括你所爱的人在内。当然，你对婚姻暴力是深恶痛绝的，同时你对家庭暴力行为怀有一种恐惧感，也可能是一个不幸的受害者，原因是你非常自卑，不信任任何人，而要想结束你的恐惧感，就一定要试着把你心中的话说出来。

选择C：有时你会把家庭暴力当作你发泄苦闷的一种方式，你的潜意识里有种渴望暴力的倾向。也许你在家庭中受到的压抑太多，也许对方经常无理取闹，总之，你认为家庭暴力是解决问题的途径之一。但是，一旦实施，你就会感觉后悔，下决心不再重犯。但是，这样只会给夫妻之间的感情带来更大的影响，所以你一定要克制自己的暴力倾向。

选择D：你对家庭暴力持谴责的态度。你认为暴力是一种非常野蛮的行为，可以称得上下流，因此主张用和平的方式解决问题。不过你是一个脾气很大的人，当对方试图向你施暴时，你会大发雷霆。所以，你的婚姻中不会出现家庭暴力。

☆温馨提示☆

很多时候，暴力并不能解决问题，反而会在一定程度上使问题恶化。

13. 你们夫妻关系如何

夫妻关系关系到家庭的幸福和谐，那么你们之间的夫妻关系如何？不妨来测一下。

1. 当你们还是恋人的时候，关于未来家庭中的一些大事，例如买房、照顾父母、孩子教育等问题，你们会：

   A. 一人决定

   B. 偶尔商量

   C. 经常商量

2. 经过一段时间的婚姻生活，你觉得和对方结婚，对你来说有什么感受？

   A. 失误

   B. 还没有什么强烈的感受

   C. 最聪明的选择

3．你认为夫妻之间意见不合时，发生的争吵、怄气，互不理睬是一种什么样的行为？

    A．最大的不幸

    B．这些事情最好不要发生

    C．这不是最重要的，最重要的是要尽快和好，不要真伤了彼此之间的感情

4．引起你们夫妻之间争吵、怄气最多的话题通常是：

    A．认为另一方对自己不忠诚

    B．经济问题

    C．对家庭以及家庭以外事情的认识以及处理方法

5．你们夫妻对性生活的共同感受是？

    A．总是可有可无，例行公事

    B．仅仅是感情较为融洽的交流

    C．不仅仅只是感情的融洽，往往也对下一次的性生活充满了向往

6．你和爱人对性生活的要求是：

    A．只看重量

    B．只看重质

    C．质量兼顾

7．你们家中的家务劳动总是：

    A．推给一方

    B．合理分担

    C．双方都乐意去做

8．夫妻吵架以后，言归于好的过程一般是：

    A．都不愿意让步，求助于其他外力帮忙

    B．一方让步

    C．互相让步

9．你和你的爱人生活属于：

    A．常年不在一起，一年难得一见

    B．常年在一起，从来没有分离过

    C．只在特殊的情况下才会有暂时的分离

10. 在教育孩子的方法问题上，你和你的爱人：

   A. 分歧非常严重

   B. 很少有不一致的情况

   C. 意见一致

11. 闲暇时间，你和你爱人总喜欢怎样度过：

   A. 和亲友一起度过

   B. 每次都会选择不一样的方式

   C. 享受二人世界

12. 你认为最理想的夫妻关系应该是什么状态？

   A. 彼此都比较如意

   B. 如意之中有一些小插曲

   C. 平平淡淡，过得去就行

结果分析

以上各题，选A得5分，选B得3分，选C得1分，计算总得分。

12～22分： 真是一对令人羡慕的夫妻！

很多人都说，婚姻是爱情的坟墓，但对你们来说，婚姻不是爱情的坟墓，而是更深的依恋。当然，有些时候你们也会闹些小矛盾，但只会增加你们夫妻之间的感情，不仅无碍，还会在平静的生活中增添一抹亮色，等到乌云过后，你会发现，爱的天空会更加蔚蓝，而你们之间的感情也会更加深刻。

23～46： 你们可以称为一对好夫妻，但如果再努力一下，就会达到更加完美的境界。

一般来说，你们之间的夫妻关系还算比较理想，但是也存在着很多不稳定的因素，对此不能忽略。要注意：即使彼此有着相同的起点，但是不等于有着相同的终点，更不等于在婚姻生活中你们夫妻之间的感情永远美满和谐，但是面对许多不理想的因素，不必懊恼，应把它们当作是一种正常的现象。关键是要培养共同的价值观，因为婚姻也同样需要积累经验，才能够让两个独立的个体更好地交流和融合，以达到更加完美的境界。

47～60：注意，你们的夫妻关系存在一些危险的因素。

婚姻，从某种意义上来说是一种爱情的升华。可能你们的婚姻缺乏爱的基础，即使相安无事，也只不过在委曲求全，即使你们已经做出了很大的努力，试图得到改变，但是仍没有什么理想的效果，长期夫妻关系失调，感情难以沟通，即使终日相处也感觉不到快乐和幸福，这样一来就很容易引起感情的外在宣泄。或是大吵大闹，或是僵持冷战，所以，你们很有必要学一些夫妻相处的技巧，只要你们都还很珍惜夫妻之间的这份缘，就一定能够解开你们心头的这个结。

☆ 温馨提示 ☆

婚姻生活中，一定不要被一些误区遮住双眼，走出婚姻误区，你会发现你的世界依旧是风清月明。

14. 是谁在破坏你们的婚姻

当婚姻出现问题时，夫妻双方常常相互指责是对方的错。"是他不负责任，到处拈花惹草"，"是她不对，经常出入酒吧、歌厅，一点也不顾家"。其实谁也推托不掉导致离婚的责任，每个人都有自己的错误，我们为什么不从自身找找原因呢？发现自己的缺点，改正自己的错误，对你以后的婚姻生活会有很大帮助的。甚至有时候，你回头想想，原来的那个才是最适合自己的一个。

到底是谁在破坏你们的婚姻呢，拉上你的丈夫共同来做一下吧。

测试一：（男性做）

如果让你必须在下面的选项中选择一个能够与你共同生活、白头偕老的女人，你最先排除掉哪一个？

A. 喝酒的女人

B. 抽烟的女人

C. 化浓妆的女人

D. 目空一切，清冷孤傲的女人

结果分析

选择A：一个无法容忍女人喝酒的男人，你也可能是一个顽固的人。像你这样的人一般都比较传统，处理问题时，也总是固守着一定的法则。要是和一个自己讨厌的女人分手，就会狠狠地说一句："走开，我再也不要看到你。"丝毫不顾及对方的感受。

选择B：你对婚姻的破裂所承担的责任比较小。你这样的人，可能是从小就被宠爱，习惯了接受，而不会表达自己的观点和看法；面对问题时，也很难独立，总想依靠别人的帮助。当你讨厌一个女人抽烟的时候，你可能会想到与她分手，但是你会犹豫不决，此时一定要果断，这样对谁都有好处。

选择C：你是一个非常冷酷的人，很容易让对方对你心生恨意。所以，一旦和对方分手，你们很难有和好的可能。你对女人的爱恨情仇表现得十分明显，而且会不断要求对方满足自己的意愿。你跟讨厌的女人分手时，会把所有的问题都弄得一清二楚，分得很彻底。

选择D：你同样是个高傲的男人。如果要与对方分手，你会给对方施加精神压力，从中获得一种优越和满足感，进而使对方达到难以忍受的地步，到最后，不得不离婚。然而离婚后，你会在心底产生一种很强烈的失落感，想要努力挽回，此时就需要你表现出一种最真挚的情谊了。

测试二：（女性做）

如果在下面的选项中必须选择一个男性作为你的丈夫，和你共同组织一个家庭，你会选择哪一种类型？

A. 嗜赌成性的男人

B. 风流成性的男人

C. 嗜酒成性的男人

结果分析

选择A：你相当有理性，而且精明能干，做什么事情都有自己的主见。结婚之后，你往往会尊重对方的观点和建议。如果需要妥协才能解决问题，你会毫不犹豫地选择妥协，而且绝对会自觉地照顾对方的感觉，维护对方的自尊心。当然，你们的离婚可能性很小，即使有离婚的可能，也是你丈夫提出来的。在离婚时，你会很干净利落地解决问题，绝对不会对自己的选择感到后悔和遗憾，所以一般情况下也不会回头。

选择B：你是一个自信心和自尊心都非常强烈的人。而且往往喜欢命令和控制别人，结婚之后，对丈夫，对自己的孩子要求十分严厉。有时候，你野蛮的态度会逼得家人走投无路。如果达到忍无可忍的地步，对方会率先提出离婚的，所以你们的离婚可能性很大。但离婚后，你一样不会反省自己，认识不到自己的错误。所以，你应该及时地反省自己、检讨自己。

选择C： 你是一个具有宽容心的女人。如果你觉得和自己的丈夫性生活比较和谐，或者说你感到满足的话，你就会死心塌地地跟着这个男人。有时候，你还会有一点儿自虐的倾向，不管在丈夫那里受到了多大的委屈，也只会一味地忍耐，并且能够宽容他的缺点和不足。当丈夫不忠，甚至对你实行暴力时，你也从未想过进行反抗。即使是你忍无可忍的时候，你可能也不会选择离婚，而最大的可能就是离家出走。

☆ **温馨提示** ☆

　　一段婚姻是需要两个人共同来维护的，如果破裂，谁也逃脱不了责任。

15. 你家会有"第三者"出现吗

不要幼稚地认为，只要结婚就能拴住一个人的心，对方就会对自己忠诚。这个世界充满太多诱惑，说不定什么时候你的他就会失足落水。

你能否看得住他？你们家会有"第三者"出现吗？请做下面的测试。

1. 他（她）是否一有时间，就躲在房间里看一些淫秽书籍或者是黄色录像？

A. 是的　　　　**B. 不是**　　　　**C. 偶尔有几次**

2. 你们两个的年龄相差十几岁，双方对这个问题都比较敏感，是这样吗？

A. 是这样　　　　**B. 不是**　　　　**C. 不确定**

3. 你们的夫妻性生活很长时间都极其不和谐吗？

A. 是这样　　　　**B. 不是**　　　　**C. 有点**

4. 你常常会因为忙工作、忙孩子、忙老人的事情而忘记关心一下对方吗？

A. 是　　　　**B. 不是**　　　　**C. 不确定**

5. 他是否经常瞒着你到外面逛街或者去歌舞厅？

A. 是　　　　**B. 不是**　　　　**C. 不确定**

6. 在谈恋爱的时候，你觉得对方很有吸引力，可到结婚后想法变了？

A. 是　　　　**B. 不是**　　　　**C. 不确定**

7. 如果他手里有钱，就会无节制地花，一点也不管家里的事情吗？

A. 是　　　　**B. 不**　　　　**C. 有时候**

8. 你们的夫妻关系本来很好，但是由于种种客观原因把你们之间的距离拉得越来越大，甚至出现了感情淡薄的现象吗？

A. 是　　　　**B. 不是**　　　　**C. 不确定**

9. 你和对方常常因为与异性的交往而吵架，每次吵完后，都很难平静下来。是这样吗？

A. 是　　　　**B. 不是**　　　　**C. 不确定**

10. 他是否常常喜欢拿孩子撒气？

A. 是　　　　**B. 不是**　　　　**C. 有时候**

11．对方很少主动提出要求和你过性生活，是吗？

    A. 是   **B. 不是**   **C. 不确定**

12．最近一段时间，你的丈夫时不时会在你的面前夸奖某个女人，是吗？

    A. 是   **B. 不是**   **C. 不确定**

结果分析

选择A得2分，选择B得0分，选择C得1分。

0～8分：你家不会有"第三者"出现。你们的家庭关系很稳固，没有谁能轻易攻破你们的城池，所以，你不用着急，也不用心慌。当然，这个世界千变万化，你最好是防着点儿，发现端倪，及时解决。

9～16分：你家会有"第三者"出现的可能。所以，现在的你应该多注意防范，对他（她）多一些关心和爱护，要笼络住对方的心，要不然，说不定哪天就会有一些条件优异、手段高明的"第三者"乘虚而入。

17～24分：你家很有可能有"第三者"的出现。你家现在的情况有些危险，你们的婚姻已经快到分手的地步，也许你还没有觉察。建议你及时消除你们之间的误会，弥补感情上出现的危机，不要给"第三者"留下任何落脚之地。

☆温馨提示☆

    著名作家罗兰曾经说过："如果浪漫爱情只是短暂激情的话，那么夫妻之情必是另外一种。夫妻之情是两个人同船共渡，是对缘分的信念，是两个人相互扶持、相互拯救去度过一生一世的决心。"

第五章
学会享受"性"福生活

性，无论是为了生殖还是为了欢娱，都能够给人带来回味，带来满足，带来期盼。它是人的一种本能追求，可以使身体更健康，婚姻更美满，生活更浪漫。现代社会中，不管是传统、保守、腼腆、矜持的女性，还是向来就具有独立地位和权力的男性，他们都一样拥有追求性爱的权利。弗洛伊德曾经说过："禁欲的生活是不可能的。"因此，人们所应该做的就是轻松享受"性"的乐趣。

1. 你的性成熟度有多高

有人认为，只要人到了一定的岁数，性自然就会成熟了。但事实并不是这样，性的成熟度不仅仅是一个年龄的问题。有很多成年人在性方面就长期处于一种很幼稚的状态，在与异性的交往中总是唯唯诺诺，结果会在求偶或者与异性朋友的交往中失败。

你是否想知道自己的性成熟度有多高呢？来看看下面的小测试吧！

1. 你喜欢比你年龄大的男人吗？

   A. 喜欢，特别是有钱的男人

   B. 如果没有年轻一些的选择，年龄大的也可以

   C. 我不是太看重对方的年龄，关键是他的品行

2. 当你的性伙伴出现性冷淡时，你会怎么做？

   A. 骂他真是没用

B. 故意夸奖另外一个男人，使他妒忌

C. 使用你的性技巧，让他在精神和肉体上放松下来，直到唤醒他的性

3. 你是否会夸奖你的性伴侣相貌堂堂？

A. 从来不会

B. 有时候会

C. 经常会

4. 当你的性伴侣与别的女人勾肩搭背的时候，你会有何反应？

A. 给他难堪

B. 当面指责他，然后走开

C. 任由他去，反正他最爱的还是自己

5. 如果有别的男人向你表示爱意的时候，你会有什么样的反应？

A. 让他离开

B. 笑笑，当什么也没发生

C. 享受那份自豪

6. 你最能迷恋男人的是什么？

A. 能做出一手好菜

B. 穿比基尼

C. 懂得如何展现自己的美丽

7. 你觉得自己在男人心中留下深刻印象的是什么？

A. 性感的身材，高耸的乳房等

B. 贤惠

C. 精明，富有幽默感

8. 当你感觉自己在性方面有问题的时候，你会怎么做？

A. 在妇女杂志上查找相关内容

B. 求救于最好的朋友

C. 直接告诉你的性伙伴

9. 你认为一个男人最大的优势是什么？

A. 很多的存款

B. 强健的身体

C. 雄心壮志

10. 当你的爱人很快达到性高潮，而你还没有满足的时候，你会怎么做？

    A. 下次再也不搭理他了

    B. 寻求治疗，学习性爱技巧

    C. 使他再次冲动，来满足你

11. 如果一个陌生的男人在公交车上对你进行性骚扰，你会怎么做？

    A. 叫警察

    B. 假装没注意

    C. 当场指责他

12. 假如你已经过了好几年的婚姻生活了，对待性生活你会持什么态度？

    A. 再也不会在性生活上花费太多的脑筋

    B. 如果他需要的话，由他决定

    C. 将仍然保持性生活的质量

13. 你认为爱情和性是联系在一起的吗？

    A. 我觉得还是单纯的爱情好

    B. 当爱情发展到一定程度时，才能有性关系

    C. 两者难以区分

14. 在什么时候你会为丈夫做他最爱吃的菜？

    A. 对他有所求的时候

    B. 要向他坦白某些事情的时候

    C. 想让他特别高兴的时候

15. 如果你不慎怀孕（怀的是你所爱的男人的孩子），你会怎么做？

    A. 要求和他立即结婚

    B. 继续怀孕，直到替他生下孩子

    C. 立即把孩子打掉

16. 如果你心爱的男人要和你试婚，你会怎么做？

    A. 明确地拒绝他

    B. 答应他，但是感觉有点委屈

    C. 做分手的准备

17. 如果你的皮肤很不细腻光滑，你会怎么办？

    A. 你不在乎，既然他爱你，就得接受你的一切

B. 好好保护皮肤

C. 做皮肤健美

18．在什么时候，你最有可能对你心爱的男人撒谎？

A. 他对你撒谎的时候

B. 觉得他肯定发现不了的时候

C. 在想和另外一个男人说话的时候

结果分析

选择A得0分，选择B得1分，选择C得2分。计算你的总得分。

0～9分：你在性方面还处于朦胧的阶段。你根本不能了解健康向上的性究竟是什么样的。没有一个理智的人会愿意和你这样的人生活在一起。所以，你在婚姻问题或与异性的交往中会很失败。你应该向自己的朋友、家人或者医生多了解一些有关方面的知识和经验。

10～19分：你在性方面还不够成熟。你在与异性或者情人交往的时候会显得很幼稚。别人是不会喜欢你这种年轻又天真的情人的。纵然会有人喜欢你那种幼稚的恋爱方式，也只是极少数人。

20～29分：你在性方面基本成熟。你在爱情方面有很强的控制力，你能很轻松地把握住爱你的或你爱的女性。当然，你的情感方式在有些方面还需要加强。

30～36分：你在性方面非常的成熟。你对异性的了解非常清楚，可以说是了如指掌。在爱情方面，你不需要再更多地学习什么经验和知识，只要你愿意，很少有被你盯上而又逃脱的异性。

☆ 温馨提示 ☆

有种方法叫做"换位思考"，道理很简单，就是互相以对方的感受为出发点，多考虑一下对方的感受，这种方法在性爱中是必不可少的。

2. 了解自己的性意识

性意识，指的是性差别、性身份、性别角色和性冲动在心理上的反映，性意识的形成与发展在个性心理发育中占有很重要的位置。你是否想知道自己的性意识究竟是什么样的呢？做下面的测试题，从不同的角度来测试你的性意识。主要包括对性的知觉、对性的控制、对性的坚持、对性魅力的直觉等四个方面的测试。

根据自己的实际情况回答问题，选A表示这种说法与你"完全不符合"；选B表示这种说法与你"稍微有点儿符合"；选C表示这种说法与你"有些符合"；选D表示这种说法与你"基本符合"；选E表示这种说法与你"完全符合"。

1. 我不会很直白地说出自己的性欲。
2. 我在表现自己的性欲时有些被动。
3. 我很少会为自己的性感程度而担忧。
4. 假如我想做爱，我有办法让对方先主动提出。
5. 我从来不会为自己是否性感而担忧。
6. 异性对我的评价不会过多地影响到我。
7. 我很明白自己的性体验。
8. 我想知道我在别人眼里是否性感。
9. 在性方面我对自己很自信。
10. 我很清楚自己的性动机。
11. 我很在意自己的性感度。
12. 我会不断试着了解自己的性体验。
13. 当外人说我性感时，我能马上知道。
14. 我对自己性方面的需要的变化很敏感。
15. 我能很迅速地体察到其他人是否认为我性感。
16. 在性生活中，我会直截了当地说出我的希望。
17. 我很清楚自己的性倾向。
18. 我常常担心自己不能给别人留下一个性感的形象。

19. 我会坚持要满足自己的性欲。

20. 与其他人相比，我对性动机的思考会多一些。

21. 我很在乎别人如何看待我有多么性感。

22. 我经常寻找我想要的性。

23. 我对自己的性欲思考得太多。

24. 我从来不知道何时会让别人激动。

25. 如果我认为某个人让我很动心并对其产生性欲，我会坦白告诉对方。

26. 当性欲被激起时，我很清楚自己的想法。

27. 假如我想做爱，我会向对方说清楚我的喜好。

28. 我知道什么情况下能唤起我的性欲。

29. 我不在乎别人如何看待我的性欲。

30. 我从来不用别人告诉我怎么处理自己的性生活。

31. 我很少考虑自己的性生活。

32. 我清楚别人会在什么情况下认为我性感。

33. 在与别人做爱时，我会弄清楚对方有没有性病。

34. 我觉得自己不是一个很性感的人。

35. 在和其他人在一块的时候，我希望自己被看着很性感。

36. 如果我想和别人安全性交，我一定会这么做。

结果分析

1~6题，选A、B、C、D、E分别得5、4、3、2、1分；其他的选A、B、C、D、E分别得1、2、3、4、5分。

（一）对性的知觉 （7、10、14、17、26、28题）

得分少于22分：你对自身的性冲动与性动机的感知不是很敏感，对自己的性爱嗜好也不是很清楚。

得分高于22分：你对自己的性冲动和性动机都很敏感，也很清楚自己的性嗜好，能够建立自己希望得到的两性关系。

（二）对性的控制（3、5、6、11、18、21、19、31题）

得分少于25分：你不太在意你自身的性魅力在别人眼里怎么看，而且你不会轻易受到外界的影响。

得分高于25分：你很容易受外界的影响，也很在意别人怎么看待你的性魅力。

（三）对性的坚持（1、4、9、16、19、22题）

得分少于16分：你缺少主动性，你不愿意主动表达自己的性需求，而且，一遇到拒绝就会退缩，没有坚持到底的勇气。

得分高于16分：你很主动，而且敢于追求性的需要，从不轻易放弃。

（四）对性魅力的知觉 （13、15、32题）

得分少于8分：你缺乏善于发现自己性魅力的能力。你总是对自己的性魅力置若罔闻，视而不见。而且你还缺少表达自己性需求的勇气和决心。

得分高于8分：你很善于发现自己的性魅力。在两性关系上，你很自信，善于表达自己对性的需求，而且敢于把性爱进行到底。

☆ 温馨提示 ☆

从性意识方面来说，人与人之间的意识是不同的，但不管怎样，都应该对自己充满自信。

3. 你的性欲强烈吗

当提到性欲问题的时候，有的女孩子可能会不好意思，但了解自己的性欲可能会有助于你的性生活更加和谐和完美。可能有些人会认为性欲越强烈越好。性欲有强弱之分而没有好坏之别。你的性欲到底是强还是弱呢？从对性的自信、对性的失望、对性的专注等几个方面测试一下就知道了。此外，最好能够拉上你的伴侣一起来做，这样更有助于彼此了解！

根据自己的情况回答下面的问题。A表示你对这种说法"不同意"，B表示你对这种说法"有点儿不同意"，C表示你对这种说法"不确定"，D表示你对这种说法"有点儿同意"，E表示你对这种说法"同意"。

1. 我有一个很不错的伴侣，尤其是在性方面。
2. 在性方面我认为自己做得不够出色。
3. 我无时无刻不在想着性。
4. 我对自己的性技巧相当满意。
5. 我很满意自己的性特征。
6. 相比其他事情来说，我对性的关注程度要高得多。
7. 在性方面我比很多人都要优秀。
8. 我对自己的性生活质量非常不满意。
9. 我没有过性幻想。
10. 我偶尔会怀疑自己的性能力。
11. 每次想到性，我就会觉得很兴奋。
12. 性常常出现在我的心头，使我的心久久不能平静。
13. 在性生活中我缺少自信心。
14. 性能让我感到愉快。
15. 我常常想着正在做爱。
16. 我觉得自己是一个很优秀的性伴侣。
17. 我会觉得自己的性生活很单调乏味。
18. 在一天中多数时间我都在想和性有关的问题。
19. 我觉得自己不是一个出色的性伴侣。

20. 我不满意现在的性关系。

21. 我几乎总想到性。

22. 在性生活上，我对自己很有信心。

23. 我对自己的性生活感到满意。

24. 我从来不幻想做爱。

25. 我对自己的性技巧很没有信心。

26. 我会为自己的性经验感到悲哀。

27. 和多数人相比，我想到性的时候很少。

28. 我时常感觉自己的性能力有问题。

29. 我对性不会失望。

30. 我很少想到性。

结果分析

第5、9、10、13、19、21、23、24、25、27、28、29、30题选择A、B、C、D、E分别得1、2、3、4、5分；其他的题选择A、B、C、D、E分别得5、4、3、2、1分。

（一）对性的自信　（1、4、7、10、13、16、19、22、25、28题）

男性：

得分少于26分：一般来讲，你对性不感兴趣。也许是你缺少成功的性经验，所以你对性不是很热情，有时候会表现出冷淡的现象。

得分在26～44分：你对自己的性欲感觉良好。你对自己的性经验感觉也良好，所以，你在与异性交往的时候比较从容，也通常做得比较优秀。

得分在44分以上：你对自己的性能力很自信。对性充满了兴趣，希望自己能得到美好的两性关系。

女性：

得分少于27分：你对自己的性能力不太满意。你对性生活没有太大的兴趣，所以，在性生活上你比较压抑，有强烈的厌倦感和焦躁感。

得分在27～43分：你对自己的性欲和性经验都感觉良好。

得分在43分以上：你对自己的性能力很自信。认为性充满了情趣，所以，在处理两性问题上，你显得很主动，能够得到你期望的两性关系。

（二）对性的失望（2、5、8、17、20、23、26、29题）

男性：

得分少于8分：你对自己的性感到非常满意，并且善于建立自己期望得到的两性关系。

得分在8～26分：你对自己的性欲和性经验自我感觉良好。

得分高于26分：你对自己的性感到很失望。你对性感到很失败，觉得与别人有性接触很难，在两性问题上没有充足的投入。

女性：

得分少于10分：你对自己的性很满意，而且在性生活中占据主导地位。

得分在10～24分：相对来说，你对自己的性欲和性经验感觉不错。

得分高于24分：你对自己的性感到很失望，甚至有的时候会逃避性。

（三）对性的关注（3、6、9、12、15、18、21、24、27、30题）

男性：

得分少于24分：你对性缺乏兴趣，会有意躲避性欲这个问题。

得分在24～38分：你对性的关注比较适中。

得分高于38分：你的性欲很强烈，你会对性过分关注。

女性：

得分少于17分：对性缺乏兴趣，有时会有意逃避性欲的问题。

得分在17～33分：你对性的关注比较适中。

得分高于33分：你的性欲强烈，对性会过于关注。

☆温馨提示☆

性的完美和谐与性欲的强弱并没有直接的联系，只要夫妻双方能够从中感到满足，便是最大的幸福。

4. 你适合婚前同居吗

现代社会，未婚同居已经是常见的事情了。在很多青年男女的眼里，恋爱期间住在一起不仅可以培养感情，也可以就近相互照顾。

想知道自己是否适合婚前同居吗？自己是不是一个谨慎处理感情的人？做个测验，看看你适合同居的指数有多高。

1. 你是否有单独在外租房的经验？

   A. 这种情况已经持续几年了

   B. 我现在正好想有一个完全属于自己的空间

   C. 曾经有过，因为不习惯，又搬回家里了

   D. 从来没有，从小到大，我从没有离开过家

2. 你学生时代是否有在外工作的经验？

   A. 有，从学生时代，我就一直在外做各种兼职

   B. 没有，我认为学生时代最重要的任务就是学习

   C. 我学生时代仅仅做过家教

   D. 从来没有，我不喜欢工作

3. 爸妈是否从小就吩咐你帮忙做家事？

   A. 他们简直把我当菲佣用

   B. 是的，但是太用劲的都是他们自己来，不会让我去做

   C. 只有大扫除的时候，才会要我帮忙做

   D. 几乎都是他们在做

4. 你有几个兄弟姊妹？

   A. 好多个，不过我排在中间，并不突出　　**B. 好多个，我排行老大**

   C. 我是独生女　　**D. 好多个，不过我是最小的一个**

5. 你觉得自己能够控制自己的情绪吗？

   A. 我的情绪EQ很高，任何状况都能够应付自如

   B. 我自认是个理智的人，但别人总会惹到我

   C. 一般会很好，但心情不好的时候会胡思乱想

   D. 我动不动就会乱发脾气

结果分析

以上各题，选A得4分，选B得3分，选C得2分，选D得1分。把各个题目的得分相加，计算你的总得分。

17～20分：婚前同居指数为90%。不可否认，你的独立性很强，比较适合未婚同居，而且跟你在一起的人会比较幸福。但是要注意给平淡的生活中注入一些新鲜的元素，感情才不至于变淡，最重要的是，不能纵容他。

13～16分：婚前同居指数为70%。你习惯把话憋在心里，尤其是面对自己亲近的伴侣，认为自己不说他也知道，事实上并不是你想象的那个样子。建议你把自己心中所想的话都说出来，只有彼此学会沟通，才能够长久地生活下去。

9～12分：婚前同居指数为50%。你无法忍受生活价值观或习惯跟你差异甚大的伴侣，因此往往会因此与伴侣吵闹，次数多了，小摩擦也会变成大伤痕，更可能成为让彼此分开的导火线。建议你宽容一些，多给彼此一点空间。

5～8分：婚前同居指数为30%。生活中，你的依赖性太强，除非你找到一个可以无限包容你的人，否则目前你并不适合同居。

☆ 温馨提示 ☆

每件事情都是有两个方面的，未婚同居的确可以增进彼此感情，但处理不当，便常常是噩梦的开始。

5. 你敢表达自己的性欲吗

在性爱方面，你是不是一个很注重性爱氛围的女子，你敢于表达自己的性欲吗？你会在自己没有性欲时，勉强自己与伴侣做爱吗？赶快来测试一下吧！

下列那一种情况，会让你的"性"趣降到最低点？

A. 卧室外面有人　B. 天气燥热　C. 没有避孕措施　D. 对方性趣不高

结果分析

选择A：你是一个很在意别人看法的女子，通常不会主动表达或者宣泄自己的性欲。而且，因为你的顾虑重重，即使在做爱时你也不会尽情放开。这种类型的女子在性心理上可能有某种障碍，同时可能会因为神经过敏对性产生反感。

选择B：你在性趣上是以肉感为主的人。你非常在意在性爱的过程中肉感带给你的快感，但是在天气燥热的情况下，两个全身黏黏的人是没有肉感可言的。不过，你通常不会压抑自己的欲望，也不会有任何心理负担。

选择C：你是一个富有理性的女子，做什么事情都会考虑到结果，想到没有避孕措施以后可能会有小孩儿拖累，因此性趣便会全无。你最大的优点也是你最大的缺点，即对自己的性行为很负责。

选择D：你是一个很注重性爱氛围的女子，可能会因为对方的意兴阑珊而打退堂鼓，最重要的是你不会强迫对方与你做爱，认为做爱的两个人应该情投意合，否则是不会有快感可言的。因此一旦对方没有做爱的兴趣，你也就会性趣全无。

☆ 温馨提示 ☆

在性爱方面，男人并不是天生就占据主动地位的，因此，女人也不应该一直处于被动状态。

6. 你对性有多坦然

已经是深夜12点多了，你一个人站在完全密闭的浴室里洗澡。当你正准备向身上涂沐浴露的时候，突然从门外传来可怕的叫声和恐怖的脚步声。直觉告诉你，一头野兽将闯进你的房间，此时你最害怕的是什么？

A. 我担心野兽弄坏天花板，假如如此，简直比剥光我的衣服更让我气愤
B. 可能会选择自杀，因为受不了在外面不断敲门、抓门、制造声音的恐怖
C. 怕什么，大不了肉搏，但是千万别弄碎马桶，以免踩在马桶的碎片上
D. 害怕浴室的灯光突然熄灭

结果分析

选择A：你简直就是一个热情风骚的尤物，但是对自己的性感却感到非常难为情，尤其是害怕面对自己披头散发、失去理智的样子。其实你应该知道，床上是没有淑女的，也不需要淑女。

选择B：你心理上存有某种程度的洁癖，虽然平时也会和同事朋友说一些黄色笑话，但内心会把生殖器和性爱视为肮脏污秽。因此你对避孕套和杀精剂是非常推崇的。

选择C：在性的方面，你有时候会变得很冷淡，原因可能是因为你男友索要太多，以致达到你不能承受的程度。但是，你是一个心地善良的女性，躺在床上装睡的时候，你内心总是会充满种种内疚和不安。

选择D：在做爱的时候，你过于紧张，总担心伴侣会不小心把你弄伤。这是一种"SM强迫症"，其形成原因可能是心情太紧张或者是身体曾经受过伤。其实，这种担心是完全没有必要的。

☆温馨提示☆

性爱是一件神圣而唯美的事情，它并不肮脏，也不污秽。因此，性爱中的男女一定要了解性心理，营造一份完美的性爱。

7. 生日蜡烛窥探你的性趣

你对性爱保持一种怎样的态度呢？小心啊，通过生日蜡烛会窥探到你的性趣有几分呢？假如今天是你的生日，于是你买了一个大号的生日蛋糕与三五好友在家中举办一个小型的生日party，等到要点蜡烛吃蛋糕的时候，你可能会在蛋糕上插几根蜡烛？

A. 一根   B. 三根   C. 很多根   D. 放一根造型别致的

结果分析

选择A：你属于大胆开放的女性，在性的方面观念很超前，一旦对对方有好感就很容易与对方发生性关系。在你看来，做爱就如同做运动一样平常而自然。因此，在别人的眼中，你可能是一个放荡不羁的女子。

选择B：天主教的教义里，三根蜡烛代表的是理智、热情、意志。从性爱方面来说，象征着你是一个重视精神与肉体的人，属于身心均衡的类型，凡事不会受感情左右，不管任何时候，都会理智地采取行动。

选择C：你属于浪漫型的女子，非常注重罗曼蒂克与情调气氛。插很多根蜡烛代表你心中有很多美丽的梦想，对爱情充满了憧憬和期望，喜欢同时与几位异性进行交往，然后从中选出一个自己认为比较理想的异性来圆自己的爱情之梦。

选择D：你属于实际年龄或者是心理年龄比较小的女孩子，在性爱方面相对而言持的是抗拒的态度。其实，性生活不过是生活的一种寻常状态而已，只要你把自己的思想放开，多与他人接触，可能会生活得更加自在。

☆ 温馨提示 ☆

性是人类生命的源泉，是每个人生命中都不可缺少的日常行为之一。因此，我们对其应该用一种正确的眼光来看待。

8. 从双脚窥测他的性心理

人的一个微小的动作变化常常会透露出他的心理变化，信不信，双脚可以透露一个男人的性心理。你想不想知道伴侣的性心理如何，观察一下他的双脚吧！

一般来讲，落座之后，你伴侣的双脚会保持一种什么样的状态？

A. 两脚张开　　B. 一只脚弯曲　　C. 双脚并拢　　D. 双脚交叠

结果分析

选择A： 你的伴侣是一个个性耿直，向往冒险的男人，但是在一些突发的状况面前，他往往会缺乏勇气。但是，如果尝试过婚外情，他的这种状况可能会彻底改变。另外，他喜欢性幻想，但在SEX方面却不见得很强。

选择B： 这类男性能够忍受女友的任性，但一般来讲他喜欢年纪比自己大的女性。日常生活中，他无法满足平凡的生活，野心很高，对SEX也相当关心。但是他工作上的失败多半是因为女性，所以在他身边你一定要小心哦！

选择C： 这类男性对SEX并不是太关心，但是他们对不解风情的少女并没有太大的兴趣，而是喜欢年纪比自己大的女性，非常注重柏拉图式的精神恋爱。在性的方面，他们有时候会产生莫名其妙的自卑感。

选择D： 喜欢让脚保持这种姿势的男性做什么事情都非常谨慎，而且具有非常强烈的自尊心。一旦他渴望抓住某个女性的心，就代表此时他内心有着非常大的自信。在SEX方面，他技巧可能不算高明，但是很会配合对方。

☆ 温馨提示 ☆

你的伴侣对性保持一种什么心理呢？是不是已经测试出来了。那么，在适当的时候，多对他的心理进行调节或者满足他的某种心理吧！

9. 测测你的好色指数有多高

不管是男性还是女性，其实每个人的心底都有所谓的兽性，因此难免会有时候抛开眼前的一切让自己放纵地色一下。那么不妨就测一下你到底有多好色吧？

假如有一天，你在一个人很多的商场门口不小心跌倒了，你接下来会是什么反应？

A. 装作没事站起来，继续前行

B. 觉得十分不好意思，会自嘲一下

C. 看一下自己到底是被什么东西绊倒的

结果分析

选择A：不可否认，你是一个非常好色的女孩子，好色指数为60%。但虽然好色，你清楚地知道色字头上一把刀，所以你会小心选择。而且，你知道现在这个社会充满很多不安定的因素，如果有人主动投怀送抱，你可能会意识到他没安什么好心，会很理智地选择对象。

选择B：你是一个色大胆小的家伙，好色指数为30%。日常生活中，你空有一张好色的嘴却没有一点儿胆略来行动。这种类型的女子现在只剩一张嘴，觉得过过嘴瘾就好，真要是行动，可能会考虑很多现实的因素。

选择C：你属于典型的好色之徒，只要有机会就绝对不会放过，好色指数为99%。这种类型的女孩子常常会制造浪漫的机会和情境，根本不用对方下手就会主动投怀送抱。但是应该注意哦，你吃亏的可能性比较大。

> ☆ **温馨提示** ☆
>
> 爱情是唯一的，对恋人三心二意的人绝对不会把握住真正的爱情。

10. 发现你的真"性"情

与之前的几十年相比，人们受地球各"村"的文化影响越来越大，"性"情也变得更加多元。但总的来说，主要有东方型、印度型、地中海型、欧洲型等几类。下面的这个测试最好能够两个人一起做，因为了解自己的"性"情，可能会得到更多的快感，而了解对方的"性"情，则可以满足对方更多的欲求。

那么，与心身治疗师和性学专家Alain heril一起来探索你的"性"情吧!

1. 你们刚刚认识不久，约会时，你会选择在哪里？

A. 月光下的游泳池

B. 高级咖啡馆

C. 体育场上看台的台阶上

D. 静谧的花园里

2. 对你来说，做爱是？

A. 掌握节奏和技巧

B. 灵魂与肉体的合唱

C. 战场拼搏

D. 浪漫的小夜曲

3. 如果你想通过一些情色游戏来放纵自己，什么物品会令你更兴奋？

A. 滚珠　　　　　　　　　**B.** 真丝床单

C. 牛奶浴　　　　　　　　**D.** 窗帘绳

4. 做爱之前，你迟迟进入不了状态，会？

A. 要他/她给你来段脱衣舞

B. 帮他/她按摩

C. 互相指责

D. 让他/她读一段描写性生活的情色文学

5. 每个人都有属于自己的"小催情剂"，你的是什么？

A. 写真录像　　　　　　　**B.** 缠绵热吻

C. 独特味道的香水　　　　**D.** 爱的表白

6. 为使他/她达到极度的欢乐，做爱时你会把他/她的性器官称为？

    A. 神龙柱/牡丹花蕊

    B. 宇宙巨轮/圣河

    C. 风驰电掣/芳香花圃

    D. 大炮/黑蝴蝶

7. 当你准备和他泡个鸳鸯浴，以期欢好一番之前，你会在浴缸里面加入哪种精油助"性"？

    A. 雪松   **B.** 檀香   **C.** 天竺葵   **D.** 玫瑰

8. 与伴侣共进晚餐时，你会选择什么饮料做开胃酒？

    A. 人参鸡尾酒   **B.** 茶

    C. 加汤力水的金酒   **D.** 香槟

9. 为了使伴侣更好地达到性高潮，你通常会采取哪种做爱姿势？

    A. 女方骑在男方身上

    B. 女方坐到男方身上

    C. 站立，女方攀在男方身上

    D. 女方平躺，双腿举到男方胸前

10. 如果可以，你希望自己是哪部电影的主角？

    A. 《撒玛利亚女孩》   **B.** 《性经》

    C. 《感官世界》   **D.** 《泰坦尼克号》

11. 你通常用哪种武器来诱惑他/她？

    A. 直接要求   **B.** 妩媚表情

    C. 性感内衣   **D.** 轻松闲聊

结果分析

以上各题，选A得1分，选B得2分，选C得3分，选D得4分。把各题的得分相加，计算你的总得分。

36～44分：你的"性"情属于欧洲型。你是个典型的浪漫主义者，既温柔又充满野性，在和伴侣上床之前，你需要花很长时间来培养感情。对你

来说，性爱技巧并不重要，重要的是情感的投入和小催情剂的辅助。同时你懂得发挥眼神、抚摸和甜言蜜语的诱惑力。

28～35分：你的"性"情属于地中海型。你性欲旺盛，欲望是你的武器之一，你喜欢在性爱中直言不讳，而且性事方面少有禁忌。你属于天生的尤物，实战中你懂得变换自己的各种姿势，也会享受最好的高潮。你可能偶尔会使用刺激性欲的药剂或在野外嬉戏。

19～27分：你的"性"情属于印度型。从你身上到处都可以感受到情色。爱情、快感、肉欲是你生命中不可缺少的东西。你天性飘忽不定、喜欢自由、充满好奇，在性爱中常有所创新。对你来说，性是一种交流，是精神与身体的统一。

11～18分：你的"性"情属于东方型。你在情色方面追求完美，喜欢强烈的对比和反差，只要不是太过于庸俗，你都可以接受。实战中，视觉刺激对你来说是最具杀伤力的武器。因此，你喜欢和伴侣一起快速翻看色情画册，以帮助你挑起欲望。另外，你喜欢鸳鸯浴，认为这样可以使自己放松，并向对方敞开身心。

☆ **温馨提示** ☆

性是一种交流，令人陶醉的是身体与精神的统一，只有在从容中才能达到最高境界。

---

11. 你的性商有多高

性商不是运气、漂亮和性感与否的问题，它是随着时间的推移和人们经验的积累，所获得的改善、掌握性爱的一种能力。下面是一位美国心理专家所出的测试题，不妨测试一下，看你的性商是高还是低。

1. 你是否会和伴侣谈论你的性需求？

  A. 经常，让对方知道我喜欢什么，而且谈"性"本身就让我兴奋　（5分）

  B. 偶尔会，当两人交流各自喜欢的性行为的时候　　　　　（4分）

  C. 很少，偶尔提到，但不会很深入地去谈论这个话题　　　（1分）

  D. 没说过。因为爱是靠"做"的，不是靠"说"的　　　　（–5分）

2. 最近一段时间，你对他"性"趣消退，你会？

  A. 跟他明说　　　　　　　　　　　　　　　　　　　（5分）

  B. 虽然不直截了当地说，但会让对方明白　　　　　　　（3分）

  C. 不会说，但相信"兴趣"会很快恢复的　　　　　　　（0分）

  D. 我想是不是该换个新伴侣了　　　　　　　　　　　（–6分）

3. 最近好的朋友觉察到："你们俩看上去不是很对劲啊，出啥事了？"朋友没说错：你的性生活确实很不协调。你会如何回答呢？

  A. 什么都不说，我从来不会对外人谈论我的性生活　　　（–4分）

  B. 只是在问题很严重的时候，告诉朋友自己的问题　　　（1分）

  C. 我会向最好的朋友讲自己的性问题，因为我们无话不说　（5分）

4. 有未成年的女性朋友请求你给些性方面的建议，你会？

  A. 建议她发生性行为不宜太早　　　　　　　　　　　（–5分）

  B. 告诉她如何自我保护，防止性病传播和怀孕　　　　　（1分）

  C. 推荐几本性方面的书　　　　　　　　　　　　　　（1分）

  D. 回忆未成年时自己的状态，了解她真正想知道的，并与她分享　（5分）

5. 你不想做爱，可是他坚持，你会？

  A. 我如果确实不想，肯定不妥协　　　　　　　　　　（0分）

  B. 我偶尔能顺从，但是我没有快感　　　　　　　　　（–3分）

  C. 我最终顺从，如果对方能想法儿唤起我的欲望　　　（5分）

D. 我让步，因为我想让他高兴　　　　　　　　　　　　　（-5分）

6. 你和他一见倾心，并希望能建立长久关系，你们什么时候会上床？

    A. 如果我对他心仪万分，我希望能更好地了解他以后　　（5分）

    B. 一两次约会以后　　　　　　　　　　　　　　　　　（1分）

    C. 我会趁热打铁，主动出击　　　　　　　　　　　　　（-5分）

7. 你怎么看待床上和解？

    A. 做爱并不能解决分歧　　　　　　　　　　　　　　　（5分）

    B. 闹别扭的时候，我们会通过做爱避免正面言语冲突　　（1分）

    C. 做爱能在人要发火的时候缓解紧张情绪　　　　　　　（-5分）

    D. 只有问题解决以后才会做爱　　　　　　　　　　　　（5分）

8. 你什么时候会想到性？

    A. 几乎每时每刻　　　　　　　　　　　　　　　　　　（-3分）

    B. 每天，有时一天好几次。对我来说，性在生活中占的比重比较大　（5分）

    C. 偶尔，不过坦白说，我又不是只有这件事要做　　　　（-3分）

    D. 是在我有欲望，想做爱的时候　　　　　　　　　　　（-5分）

9. 他要求你去体验一种你不喜欢，或者从心底里排斥的性行为，你会：

    A. 同意，不过主要是为了能让对方快乐　　　　　　　　（-1分）

    B. 跟对方探讨，为什么他会有这样的要求，为什么我会排斥（5分）

    C. 拒绝，不可能对方要求什么都答应　　　　　　　　　（-1分）

    D. 我会想我和他可能并不合适，如果对方很坚持，我会考虑分手　（-3分）

10. 通常，做完爱后，你的感觉是：

    A. 有点沮丧　　　　　　　　　　　　　　　　　　　　（-3分）

    B. 有点漂，脑子空白　　　　　　　　　　　　　　　　（-1分）

    C. 满足，幸福　　　　　　　　　　　　　　　　　　　（5分）

    D. 和平常一样　　　　　　　　　　　　　　　　　　　（-1分）

11. 如果你最喜欢的性幻想是同时和两个人做爱，你会告诉你的伴侣吗？

    A. 我害怕让对方知道我的脑子里在想这些　　　　　　　（-5分）

    B. 我不希望我的伴侣知道我在想什么，因为那样我会很尴尬的　（-3分）

    C. 我不会说出来，不过，也许告诉对方可能会很刺激吧　（5分）

    D. 对方的性幻想，我们彼此都了如指掌　　　　　　　　（3分）

12. 你会被某一类型的人所吸引吗？

    A. 是的，和我发生关系的人都属于同一类人　　　　　（0分）

    B. 是的，但我并不强迫自己只和符合自己标准的一类人发生关系（1分）

    C. 不同类型的人对我都有吸引力　　　　　　　　（2分）

    D. 我从来没想过什么样的人会更讨我喜欢　　　　（-1分）

13. 如果你曾经有过对伴侣不忠的想法，你面对他时会？

    A. 一想到对方如果知道肯定会痛苦我就有罪恶感　　（5分）

    B. 我认为我不会过多考虑他的感受　　　　　　　（-5分）

    C. 我绝不会有不忠的行为，因为那样违背我对伴侣的道义　（-2分）

    D. 我之所以还没出轨，是怕被他发现　　　　　　（-5分）

14. 在你的性生活中，你的身体是如何"介入"的？

    A. 我的身体（体型，外貌等）让我感到难为情、胆怯　（-3分）

    B. 当我觉得被爱的时候，我不会有任何自卑感　　（0分）

    C. 我觉得自己很性感，我的性生活也因此受益　　（5分）

    D. 我的自卑情结严重影响性生活　　　　　　　　（-5分）

15. 在伴侣想要的时候你却没"性"趣，"性"致的不同步很令你们苦恼。你的解释是？

    A. 在性欲的方面，男人和女人并不总是处在同一个频率上　（0分）

    B. 我不懂得如何表达自己得需要，不懂得唤起对方　（5分）

    C. 我还没找到真正的另一半　　　　　　　　　　（-4分）

    D. 这个问题永远存在：男人和女人本质上不同，谁也没办法改变　（-5分）

16. 你认为性与爱的关系是？

    A. 没有性也能爱，没有爱也能得到性快乐　　　　（5分）

    B. 如果你对某人产生很强的性欲望，那说明你爱上对方了　（0分）

    C. 必须先有爱才能有性　　　　　　　　　　　　（-5分）

17. 你父母是如何跟你谈论性的？

    A. 他们从来也没说过　　　　　　　　　　　　　（-3分）

    B. 他们更多的是进行道德教育　　　　　　　　　（-5分）

    C. 他们跟我正面积极地谈论过性，即使他们也不是很在行　（5分）

    D. 他们没说太多，因为这个话题让他们很尴尬　　（4分）

18．别人的性幻想是什么你知道吗？

    A. 我猜大多数男人和女人的性幻想都和我的差不多吧 　（5分）

    B. 别人会有什么样的性幻想我一无所知 　（0分）

    C. 我想通常人们的性幻想应该比我的性幻想正常些吧 　（–5分）

19．等你70岁的时候你的性生活会是？

    A. 还没想过呢，太遥远了 　（–4分）

    B. 希望和现在一样好 　（2分）

    C. 越来越好，我正努力为此奋斗呢 　（5分）

    D. 恐怕是以温存爱抚为主吧 　（–2分）

20．"性行为有益于健康"，你如何看待这句话？

    A. 性与身体健康无关，主要是作用于精神状态 　（–1分）

    B. 很可能，不过不知道是否有科学依据 　（0分）

    C. 对，科学已经证明了性生活对健康有益 　（3分）

21．你认为男人和女人？

    A. 通常很难达到互相理解 　（5分）

    B. 就我而言，我从来就不明白异性是怎么想的 　（0分）

    C. 男人和女人在行为方式上没有什么本质区别 　（1分）

结果分析

85分以上：你的性商很高。这表明你充分地了解和认识自己，接受自己的本性和内在需求。你懂得如何与伴侣沟通，你的性知识很丰富。另外，你善于把握情感需要和内心性欲之间的平衡。这些优势使你能很好地处理你的情爱生活，在两人"性"致不同步的时候你懂得适当地退让。

71～85分：你的性商还不错。尽管和大多数人一样，你还是有些不足。如果你想提高你的性商指数，好好回顾一下那些你没拿到分数的题目吧。其实，对性的认知很容易获取，和他人的关系也能培养，而最微妙最难做到的，是学会更好地认识你潜在的自我。

60～70分：你的性商只有一般水平。别因此而丧气，因为有些问题是基于对普通事实的认知，而不是你处理问题的方式。比如，你的性商取决于父母如何对你进行性教育，更取决于你采取什么方式去获得性知识。所以，只有学会接受自己的需求，同时接受别人的欲望，选择的时候才能够拥有真正的自由。

60分以下：你的性知识有待改变。或者说你还没有摆脱某些障碍：所受的教育，个人的背景，或者不愉快的性经历……某些因素阻止你充分表现和满足自己的性需求。当然，你无需过分忧虑：性商并不是天生的，它是通过培养获得的。最重要的是，你是否对性有足够的兴趣。兴趣会推动你去渴求美满的性生活。

☆ **温馨提示** ☆

　　不可否认，性是基于爱的基础之上的，但是，和谐、欢愉的性爱，也能够让爱充满更多的激情。

12. 你会如何对待一夜情

很多女人的内心，都渴望自己能够有一场浪漫的邂逅。你呢？会不会也想到自己可能会发生一夜情？那么，想不想知道怎么对待一夜情？来做下面的测试题吧！

你突然得到一大笔钱，但适逢假日银行关了门，于是你不得已选择把钱放在家里，放到什么地方你才会觉得安心呢？

A. 书架里书与书之间
B. 墙上的挂画后面
C. 抽屉里
D. 冰箱的制冷层里

结果分析

选择A： 书本是知识与理性的象征，把钱放到这里给人的感觉你是个坚持原则、洁身自爱的人；你的理性会叫你拒绝一段没有保障的爱情。不过，虽然你嘴里会拒绝一夜情，想试试看的欲望却比别人强啊！

选择B： 你是一个重感情的人，但千万别轻视爱情游戏，因为你是一个容易心软，又易于陷入浪漫刺激以致不能自拔的人。最后你只懂得认真地去面对这段不知是真是假的爱情，但结果可能是惨淡收场。

选择C： 抽屉是个让人随意放东西的地方，同时也容易忘记放在了哪里。你是一个很随心、凭感觉而为的人，如你遇上艳遇，会很快投入激情热恋气氛当中，但当感觉没有了，你的冷却速度也会一样快。

选择D： 制冷层象征隐藏的事物，你常常有很多自己的小秘密，当你遇到吸引你的对象时，你便会全情投入不顾一切，不过事过之后便立即回头，绝对不会让事情曝光；你奉行"结婚之前一定要尝尽所有好玩事情、体验人生"这一格言。

☆ 温馨提示 ☆

问过自己没有，一夜情面前，理智、情感和诱惑，哪个最重要？

13. 看穿他的性爱信号

也许你们在婚姻的道路上已经走了很长时间了，你是否知道你的爱人在什么情况下需要你的爱呢？当他向你暗示自己需要时，你能敏锐地觉察到吗？想知道答案吗？做下面的测试，帮你看穿他的性爱信号。

如果你和自己的爱人去一家咖喱店吃饭，要是让你选择对方爱吃的咖喱饭，你会选择什么口味的？

A. 鸡肉口味   B. 超辣口味   C. 蔬菜口味   D. 海鲜口味

结果分析

选择A： 如果当他想要和你做爱时，就会显得殷勤备至。比如在门口等你回来，送给你一些小礼物，态度也会很温柔。爱人做这些准备活动，只是为了让你能很高兴地和他做爱，你千万不要辜负了对方的一片情意哦。

选择B： 如果他想和你做爱时，性暗示就会很明显。比如放一些色情的录影带，或者说让你看看自己的内衣性感不性感。要是你反应迟钝，听不明白的话，他就会懒得再给你做暗示了，有时候直接自我安慰就解决问题了。

选择C： 这种人想和你做爱的时候，是说什么也不会主动开口讲出来的。他的行为会变得很怪异，一会对你很好，一会又对你很冷淡，有时候会一直盯着你的脸看，有时候会在浴室里待上很长时间。这些都是暗示，你应该及时地了解，要不然，对方就会生你的闷气。

选择D： 你的爱人想和你做爱的时候，动作会很明显。会用身体不停地和你接触，比如抚摸你的脸，或者说爱抚你身体的敏感部位，而且还一直用色迷迷的眼看着你，那神态就是说，赶快来吧！

☆温馨提示☆

性爱信号有好多种，关键是平时你是否用心去观察爱人的一举一动。其实，只要细心，就不难发现。

女性魅力篇——
发现女人最耀眼的光芒

　　现代女性，穿梭在流行与时尚之中，难免会受到种种诱惑。真正成熟的女性，既不会对时尚无动于衷，也不会做时尚的奴隶，她们会对时尚取精去芜，她们会根据自己的性格气质和内在精神追求，从时尚中升华，发现自己身上最耀眼的光芒，尽情展示自己的独特魅力。但是，有很多女性却对自己的性格不甚了解，更不清楚自身的魅力所在，于是只能做一个平凡的"丑小鸭"。其实，每个女人都是一道耀眼的风景，只是自己没有发现而已。下面的这些测试或许会让你从中得到一些启示，让你发现自己，做个最靓丽的女人。

第一章
性格，你了解多少

现实世界中，人与人的性格是不尽相同的，正如同世界上没有两片相同的树叶一样，世界上也不存在性格完全相同的两个人。观察我们身边的每一个人，不难发现，有的人成熟稳重，有的人暴躁冲动，有的人热情开朗，有的人冷漠淡然，有的人客观理性，有的人主观武断……那么，你认识自己的性格吗？

1. 你了解自己的个性吗

人们的个性千差万别，有的人活泼热情，大气豪放；有的人就喜欢独处，沉默安静；你属于哪一类呢？你了解自己的个性吗？做个小实验看你的个性。

如果刚刚盖好一座别墅，让你来给它设计一个栅栏，你会怎么设计？

A. 选择木栅栏

B. 用砖围起来

C. 选择铁栅栏

D. 用各种花花草草来代替栅栏

结果分析

选择A：你是一个爱憎分明的人。你的情感容易两极化，对于你愿意交往的人，总是会热情相待，但是对于你不太喜欢的人，你就会冷眼相对，爱答不理。所以，有的时候，那些不了解你的人，常常会对你产生一些误会，认为你是一个不好接近的人。在爱情方面，你愿意为你心爱的人做一切事情，希望两人有一段轰轰烈烈的爱情。

选择B：你是一个孤傲的人。你常常会孤芳自赏，而且有一种不服输的劲头，因此，很多事情的主动权都掌握在你的手中。在生活上，你是一个很重视自己私生活的人，不喜欢别人来打搅自己。

选择C：你是一个活泼开朗的人。你热情大方，能够与任何人轻松交往，拥有很多好朋友，在社交中能够应付自如。另外，你性格随和，虽然一直充当老好人的角色，但有时候也会招来一些不必要的麻烦。

选择D：你是一个沉默寡言的人。你的个性比较消极，不爱说话，交际面虽然比较狭窄，但你总能交到知心朋友，而且，你十分重视与家人和朋友的感情，属于保守类型的人。也许是因为你的保守，使你对异性不是很尊重，有时候态度会很僵硬。

☆温馨提示☆

个性无所谓好坏，它是一种心理特征，每个人都有自己独特的风格，对此我们所抱的态度应该是尊重。

2. 你是性格保守的女人吗

现代社会，是一个张扬个性的时代，每个人都想尽力展现自己独特的一面，保守的人似乎有点跟不上时代的节奏。尽管如此，现实生活中还是有很多性格保守的女孩子。那么你是一个性格保守的女人吗？

假如公司要制作一个宣传版面，很多公司都想揽下这个业务，老板把这件事情交给你全权负责。第二天上午，你就收到一个没有寄件人地址的信封，直觉告诉你一定是某家公司寄来的。接下来，你会怎么做？

A. 打开再说，看看是什么东西

B. 请示上级

C. 查查是谁寄来的，然后用同样的方式再把它寄回去

结果分析

选择A：在你的观念里，你认为成功是男人应该追求的事情，因此你并不热衷，事业的成就对你来说也不是最大的诱惑。因此，你工作起来不会很卖力，也不可能成为工作狂，但是，分内的工作你会完成得很好。

选择B：你有很强的依赖心理，同时，你不喜欢承担责任。因为不想承担责任，因此你拒绝长大，在你的潜意识当中，你认为成功就必须为工作负责。其实，你不妨冒险跟自己的事业作一番赌注，也许你会受到意想不到的效果的。

选择C：你是一个个性十分保守的女人。你从来不会做出一些出格的事情。也许和你小时候的家教有关，因为你的父母对你的管教严格，你从来不敢不规矩。因此，像你这样的女人绝对不会在事业上有所成就，因为你不懂得创新，也不敢去冒险，而且潜意识里，你害怕失败。建议你在调整自我的时候不要突然冒进，慢慢地发生转变，或许你会取得事业上的成功。

☆温馨提示☆

性格上的保守，不可避免地会对事业上的成功产生很大的影响，但是只要心理满足，就一切足已。

3. 你性格的弱点在哪里

现代社会，很多年轻的女孩子都成了拇指一族，商场里，大街上，到处可见她们拿着小巧玲珑的手机，或收或发短信，感受着短信带来的喜悦和悲伤，相信你也经常如此吧！不妨注意一下，你发短信时有着怎样的习惯，因为这些习惯可帮你发现性格中致命的弱点哦！

1. 你是否尝试过自己编辑一些搞笑或煽情的短信？

   A. 是的。前进到第2题

   B. 没有。前进到第3题

2. 当你收到一些搞笑的或者是煽情的短信时，一般会怎样？

   A. 一笑置之。前进到第4题

   B. 觉得很无聊，随手删掉。前进到第5题

   C. 觉得有意思的话会转发给其他人。前进到第3题

3. 你认为发短信与当面表达相比如何？

   A. 更加含蓄、浪漫。前进到第6题

   B. 缺乏勇气的表现。前进到第4题

4. 发短信时你经常会用哪些语气词来表达肯定意味呢？

   A. 哦、噢。前进到第5题

   B. 嗯、啊。前进到第6题

5. 睡觉之前，你喜欢怎样发短信？

   A. 躺在床上发短信。前进到第6题

   B. 发完短信再上床睡觉。前进到第7题

6. 和朋友短信聊天，你习惯说再见等类似的结束语吗？

   A. 不是。前进到第7题

   B. 是的。前进到第8题

7. 看过短信你是不是随手删掉？

   A. 不是。前进到第8题

   B. 是的。前进到第9题

8. 发短信时，你通常怎么拿手机？

    A. 一只手同时抓着手机和按键。前进到第9题

    B. 两手同时抓着手机和按键。前进到第10题

    C. 一只手抓住手机，另一只手按键。前进到第11题

9. 感到很无聊时，你喜欢通过打电话还是发短信向朋友倾诉？

    A. 打电话。前进到第10题

    B. 发短信。前进到第11题

10. 你是不是在短信发到一半时觉得比较麻烦，会放弃发短信而打电话？

    A. 是的。前进到第11题

    B. 很少如此。前进到第12题

11. 如果有陌生人发短信跟你聊天，你会怎样？

    A. 打电话询问他是谁。前进到第12题

    B. 发短信询问他是谁。前进到第13题

    C. 先聊天再说。前进到第14题

12. 收到一些错发了的短信时，你会怎样？

    A. 置之不理。A型

    B. 会回复告之发错了。前进到第14题

13. 你的短信铃声是？

    A. 手机自带的。前进到第12题

    B. 自己设置的。B型

14. 没事的时候你喜欢翻看以前发过或收到的短信吗？

    A. 是的。C型

    B. 不是。D型

结果分析

    A型：你性格中的弱点是很难控制自己的情绪。一般来讲，当你心情好的时候，你觉得世界上的一切都是好的，而心情不好的时候，你觉得所有的一切都在和你作对。正是因为你很难控制自己的情绪，因而常常会得罪一些人。建议你多站在别人的角度想一想，"己所不欲，勿施于人"，换个角度，可能会好点。

B型：你性格中的弱点是对情感太过执著。对于已经失去的情感，你很难做到放弃，因为在情感上你不肯承认这个现实。因此，你会一味地沉浸在失去的痛苦之中，甚至会把这种痛苦转化为报复。其实，爱情并不是人生的全部，当爱已不在，倒不如潇洒地放手，给自己一条生路。

C型：你性格中最大的弱点就是优柔寡断、瞻前顾后。虽说三思而后行，但是思虑过多往往会错过成功的最佳时机。其实，你对自己是很有信心的，只是目标很模糊，不知道应该做些什么，建议你好好打算一下自己的将来。

D型：你性格中最大的弱点就是半途而废。你的人生到现在为止，几乎没有几件事是善始善终的。不可否认，你对任何事情都有足够的热情，但是这种热情只能持续很短的时间，在事情进行到一半时，因为索然无味，可能会选择放弃。与人交往也是如此，往往是善始不能善终。其实，坚持到底是一种责任心的表现，一个对事情不负责任的人，最终会一事无成。

☆温馨提示☆

人无完人，每个人的性格都存在不同程度的缺点，但是用心去改，你依旧是最优秀的。

4. 看口红，识女人

在这个世界上，每天至少有一半的女性都在使用口红。在她们的意识里，不涂口红，就如同是没穿衣服一样，是没有办法出门见人的。但不知道你观察过没有，口红在使用一段时间后其形状会发生变化，而这一变化又能够反映出使用口红者的性格特点。不信的话，打开你的或者是你朋友的口红软筒，观察是什么形状，对照下面的答案，测一下是否准确。

A. 光头形　　B. 内凹形　　C. 一边形　　D. 浅盘形　　E. 半圆形

结果分析

选择A：使用过的口红呈光头状说明口红的女主人是一个精力充沛、办事干练、坚毅果断的女人。在与人交往中，这种女性极富幽默感，但是内心细腻、敏感、认真。这种女人在生活中喜欢助人为乐，深受人们的欢迎，因此有很多朋友。

选择B：口红呈内凹形，说明使用这种口红的女性多才多艺，爱好广泛，做人办事非常感性，以至于有一点不顺心的事情就会朝周围的人大发脾气，同时这类型的女人缺乏果断性。

选择C：使用口红抹掉一边剩下另一边的女性在人际交往中喜欢搬弄是非，爱耍小伎俩。但是这类女性对人对事极为热情，喜欢体验和尝试新的事物。

选择D：使用口红形状越扁平的女人在生活中越富有浪漫色彩，而且她在生活中极富理智，值得信赖，因此周围也有很多朋友。另外，这种女性的记忆力十分惊人。

选择E：口红使用成半圆形的女性知道自己在生活中需要什么，为了达到这种目的自己应该做些什么。这种类型的女性富有审美情趣，品味极高，外表可能会给人一种孤僻冷漠的感觉，其实内心不乏善良和温柔，但她绝不肯吃亏。

— 160 —

5. "石头、剪刀、布"看你的性格

生活中，你是不是经常会与朋友通过"石头、剪刀、布"的游戏来决定一些事情。那么在出"石头、剪子、布"的时候，你习惯先出哪一个？

A. 石头　　　　**B.** 剪刀　　　　**C.** 布

结果分析

选择A：习惯先出"石头"的人协助能力和适应能力都比较强，而且在人际交往中为人真挚而诚实，能够与身边的人保持圆满而友善的关系。同时乐于助人，但是对于超过自己所能及的事情会适当地表示拒绝。

选择B：习惯先出"剪刀"的人独立性与忍耐力很强，他们常常能够正确地区分事情的对与错，是与非。做事之前往往是三思而后行，而且绝不会轻易放弃自己的思想和观点。做事的时候忍耐力特别强，遇到再大的困难也能坚持到底，直到获取最后的成功。

选择C：习惯先出"布"的人生活中往往能够保持一种乐观的心境，很少会去费神费力地思考一些事情，但是喜欢参加各种活动，人际交往广泛，对成功有很大的欲望。我们知道，出"布"的时候人的手指是分开的，象征这个人具有持久性，且性格活泼，受人注目。

☆ 温馨提示 ☆

下次做"石头、剪刀、布"这个游戏的时候，观察一下自己和周围的朋友，检验一下这个测试是否准确。

6. 你的性格是什么颜色

从出生的那一刻起，我们就携带着独特的色彩能量。无疑，这些能量也渗透在我们的性格之中，使我们显示出各具特色的魅力。那么，你性格的颜色是哪种呢？

假如你和朋友去山洞中探险，没想到在一个最危险的地方，有几个人走丢了，你十分害怕。这时，你面前出现了一位女神，她说："你可以从我手里随便拿一样魔法物品，它会帮你逃离危险。"你会选择拿什么呢？

A. 铜镜　　　　**B.** 金苹果　　　　**C.** 山楂

D. 树种　　　　**E.** 哨子　　　　**F.** 南瓜花　　　　**G.** 水晶石

结果分析

选择A：你性格的颜色是白色，性格内敛而自省。你是一个纯净、单纯的女孩子，懂得忍受痛苦、顾全大局，而且善于隐藏自己的才华和优点，在你看来，这些才华和优点是一种负担。另外，你是一个善解人意的女子，能够用客观、理性的态度来看待各种事情，深受家人、朋友的喜爱。

选择B：你性格的颜色是黄色。你性格开朗、活泼，善于制造欢笑与眼泪，总是会在适当的时候让众人抛开烦恼、展露笑靥。但是欢笑的背后，你身上潜藏着一种不安成分，被众人认为是狡辩高手。

选择C：你性格的颜色是红色，是敢爱敢恨略带点强势做派的女子。活泼可爱的你天生具有热情洋溢的个性，喜欢充当主导性的灵魂人物。但是你喜欢冲动，情绪喜怒无常，对于自己不喜欢的人或者事物，有很强的攻击性，而且你对物质、金钱和爱情有着强烈的渴望与需求。

选择D：你性格的颜色是绿色，是那种只知道付出不知道索取的女人。在与人交往的过程中，你慷慨大方、乐于助人，但是你的控制欲非常强，渴望自由自在的生活方式。此外，你喜欢用照顾他人的方式来接近自己喜欢的对象。

选择E：你性格的颜色是蓝色，属于性格内敛但处事圆滑的女子。在人际交往中，你总是过度压抑自己的想法，但这并不妨碍你待人接物。另外，为了达到自己的目标，你常拼命压抑自己的情绪，让别人琢磨不透你究竟在想些什么。外表看似坚强的你，其实藏有一颗脆弱的心。

选择F：你性格的颜色是橘色，思维敏捷，心思细密。一般来讲，你的直觉比较准，但总是徘徊在自我喜悦和自己制造的惊恐之中，你对于感官上的享受及刺激总是比其他类型的人要求得多。但同时你往往能够表达出自己最真实的想法，因此具有艺术家和发明家的天赋。

选择G：你性格的颜色是紫色，这种类型的女子容易落入情绪的无间地带。紫色在某种程度上代表着敏感，对各种稀奇古怪的现象特别感兴趣，因此这样的女子有逃避现实的倾向。同时，爱情是这类女子生命中必不可少的一部分，她们往往会幻想自己是完美爱情故事中的女主角，因此当回到现实的时候，他们的情绪就会处于低落状态。

☆ 温馨提示 ☆

　　人与人之间的性格是千差万别的，每个人都有自己的优点和缺点，最重要的是要把自己的优点发扬到恰到好处，并努力改正自己的缺点。

7. 暮色苍茫看性情

傍晚的时候，你独自一个人外出散步，在一堆废墟之上，你发现了一栋老屋。这时，你不由自主地走了进去，站在小屋狭小的窗户前，你突然被外面的某种景物吸引住了。请问它会是什么呢？

A. 将要落山的夕阳

B. 不远的人家冒出的屡屡青烟

C. 在晚霞满天的天空中飞过的小鸟

结果分析

选择A：你属于安静祥和的女子。通常来说，像你这样的女子喜欢逍遥自在的生活，对人生的态度十分乐观，但是在行动上比较慢，甚至有可能会养成懒惰的坏习惯。另外，因为懒惰，你的生活显得很空虚，常常会觉得时间过得比较慢。建议你多找一些有意义的事情来做，这样方能达到人生平衡。

选择B：你属于心理不安定的女孩子。一般来讲，你做事情容易冲动，情绪起伏不定，心理变化剧烈；不过对于你喜欢的事情，你会充满热情，一旦兴趣减退，便会觉得度日如年。建议你在做事情之前认真考虑一下自己是否真的喜欢、适合这项工作。

选择C：你属于生气勃勃的女子。你待人处世十分热情，对自己的人生能够进行合理的规划，因此生活会紧张而忙碌，在工作、学习、生活等方面，往往也能够取得不错的成就。建议你在生活中不要把所有的时间都花费在学习和工作上，可以忙里偷闲放松一下心情，这样生活会变得更有意义。

☆温馨提示☆

人与人的性情不同，但是只要善于发挥自己独特的一面，就会找到属于自己的天空。

8. 乘公车测性格

知道吗？从一个人乘公交车流露出来的小动作就可以看出他的性格特征。仔细回想一下，当你一个人乘公交车的时候，常常会表现出哪些小动作？

A. 听MP3　　　　　　　　**B. 看随身携带的报纸**

C. 看窗外的景色　　　　　**D. 睡觉**

结果分析

选择A：在别人的眼里，你是一个不容易接近的女孩子，常被别人称为冷美人。其实你是一个外表冷漠内心热情的女孩子，经常和你在一起的朋友都知道，长久地相处之后，你便会爆发出你活泼、热情的一面。

选择B：你恪守"沉默是金"的箴言，给人留下的印象总是很安静，因此常常会被其他人所忽视。但是和知心的朋友在一起时，你的话就会显得特别多，表现出非常活跃的架势。

选择C：你是典型的"万金油"式的女孩子，不管和什么样的人交往，你都能够应付自如，所以你的生活中也就有很多应付性质的朋友，在这些朋友面前，你通常会隐藏自己的心事。所以，有时候即使交往了很久的朋友，也不知道你到底在想些什么？

选择D：在朋友的眼中，你是那种率真坦诚、活泼开朗的女孩子，但只有你自己知道，这些都只是你外在的表现而已。另外，你很会掩饰自己的情绪，即使自己不高兴，在朋友面前也会显示出你快乐的面孔。

☆ 温馨提示 ☆

叔本华曾经说过："为了能同所有的男男女女和睦相处，我们必须允许每一个人保持其个性。"

9. 你的依赖性有多强

一般认为，女人自立能力比较差，或多或少都有一定的依赖性，有的时候，过强的依赖性会给家人和朋友带来很多麻烦。那么，你想不想知道自己是不是个依赖性很强的女人？选择下面的答案，让你清楚你自己。

你一定有过搭乘别人摩托车的经验，当摩托车开得飞快的时候，你难免会感到害怕，这时你的手是怎么放的？

A. 扶在后面的把手上　　　　　　**B.** 手扶在前面那人的腰际上

C. 把手放在自己膝盖上或干脆不扶　**D.** 双手紧抱着前面的人

结果分析

选择A： 你的依赖性不强，是自主性很强的女人，你有冷静的头脑和非凡的判断力，做什么事都应付自如，从容不迫。在生活中，你能理智地看待问题。虽说你看似对爱情不够柔情，其实不然。此外，你的恋人和同事都会很欣赏你。

选择B： 你是个表面独立，内心脆弱敏感的女人。你时时梦想着有一个什么都能帮助自己的人，可事与愿违。在无奈而孤独的人生旅程中，你必须学会自己靠自己，否则你会在社会激烈的竞争中遭到淘汰。

选择C： 你是个不喜欢依赖别人的人，更不喜欢同事或恋人对你有太多依赖。所以，生活中的你独来独往，与朋友、恋人都保持着若即若离的距离。恋人很欣赏你的独立自主，同你相处也轻松自如，只是，有时候他会有把握不住你的感觉。

选择D： 你是个依赖性特别强的女人。工作中的你很怕承担太多的责任，尤其是需要独当一面时，你会十分紧张。在家里总是依靠父母，在外面总想依靠朋友。建议你试着自己做一些事情，因为命运是掌握在自己手里的。

☆ 温馨提示 ☆

女人，其实你的名字不叫弱者，男人可以办到的事情，你也一样可以办到。

10. 你是一个容易冲动的女人吗

祸从口出，人们常常会在盛怒或是不经意之中，说出一些冲动的话语。你知道自己是冲动的人吗？借由今天的测验，可以发觉你一些容易冲动的盲点，然后再去设法改善。

1. 你是否喜欢游泳呢？

   A. 不喜欢，其实我有一点怕水。前进到第2题

   B. 喜欢，游泳是唯一让全身都能动到的运动。前进到第3题

2. 如果你必须找人问路，你会选择？

   A. 找同性或是老一辈子的人来问路。前进到第4题

   B. 不太确定，或是找长相好的异性来问路。前进到第5题

3. 如果你正要出门，碰巧遇到大风雨，你会？

   A. 还是出门，难得老天爷掉眼泪。前进到第4题

   B. 算了，干脆等雨停了再出去好了。前进到第7题

4. 夏天天气实在太热了，这时一瓶清凉的饮料出现在你面前，你会？

   A. 当然是一口气把他喝完、喝干。前进到第8题

   B. 还是慢慢喝，总有喝完的一天。前进到第6题

5. 如果一不小心，让你看到一场血淋淋的车祸，你可能？

   A. 会有点不舒服，可是还是会继续看。前进到第6题

   B. 会感觉恶心，转头就走，不会看下去。前进到第7题

6. 如果经济能力许可，你会选择怎样的穿着？

   A. 会买好一点的衣服，但不会刻意追求名牌。前进到第9题

   B. 应该会买名牌，那毕竟质感好且质量较有保障。前进到第10题

7. 你是否有常常忘记钥匙放在哪儿或忘了拿的习惯？

   A. 有，感觉次数还不少。前进到第9题

   B. 几乎很少，平时多会特别留意。前进到第11题

8. 你曾经为了偶像出现恋情而难过不已吗？

   A. 心真的很痛，没想到他竟然就这么被"抢"走了。前进到第9题

   B. 还好，一开始就知道彼此不可能，影响应该不会太大。前进到第10题

9. 你本身是否有美术天分呢？

   A. 没有，只要不是美术白痴就不错了。A型

   B. 有，虽然没受过训练，但总觉得有那样一份美感。前进到第10题

10. 你看电视时，是否很容易跟着入戏？

    A. 是啊，明知道是假的却还是哭得稀里哗啦的。C型

    B. 还好，要感动我的戏剧其实并不多。前进到第11题

11. 独自一个人住在外面，你会穿什么样的衣服？

    A. 反正没人知道，什么样的衣服都无所谓。B型

    B. 不会太随便，还是会维持一下形象。D型

结果分析

A型：你是那种小心翼翼的女人，在做事情之前你会认真考虑值不值得，常常会错过做事情的最好机会。所以，你的冲动指数并不高，但易受他人影响，很可能会在别人的怂恿之下做出连你自己都不敢相信的事情。

B型：你属于外冷内热的女人，刚刚和你接触的时候，别人会感觉你十分严肃，但是时间久了就会发现你其实是很热情的，甚至会把自己的秘密告诉给别人。因此，你需要注意的是"熟悉就会让你变得冲动"的血液可能会让你受骗上当。

C型：你是哪种活泼开朗的女孩子，拥有着乐于助人的个性，由于你常常会在不知不觉中将一些不该说的话脱口而出，久而久之，朋友们会认为你很冲动，其实你很无辜，只不过还是守口如瓶比较好！

D型：你是一个很善于思考的女人，你的言行举止都是经过思考的，即使有人想要陷害你也很难，这样的你，冲动指数非常低，是个值得信赖的朋友，只不过，防御心强的你看起来有很多朋友，却比较缺少可以谈心的对象。

☆ 温馨提示 ☆

俗话说：忍一时风平浪静，退一步海阔天空。人际交往中，如果多一些忍让，少一些冲动，就会友好很多

11. 你会如何面对500万的大奖

生活中一次偶然事件的发生，你常常会凭借自己的本能和潜意识做出反应，因此也能够在一定程度上体现出你的性格。

假如你发现自己无意间买的一张彩票竟然中了500万的大奖，此时你会？

A. 大笑　　　　　　　　　　**B.** 高兴地跳起来

C. 紧紧攥住彩票，生怕丢了　　**D.** 发呆，不知道做什么

结果分析

选择A： 通常来讲，你是一个喜怒不形于色的女人，很少会将自己内心的活动显示出来，因此别人很难把你捉摸透。但同时也说明你常常会压抑自己的情绪，一旦时机成熟，你就会不可遏制地爆发出来。

选择B： 无论悲喜，你都常常会把自己的内心活动表现出来，因此通过你的脸色别人就知道你想要做什么。所以，你最好不要说谎，因为你的谎言逃不过别人的眼睛。

选择C： 你很善于社交，是个八面玲珑的女子。在社交生活中，你善于与别人交流和沟通，因此拥有很好的人缘。同时你很注重自己的外在形象，而且善于隐藏自己的内心活动。

选择D： 你是一个情绪化的女子，时而表现得很活跃，时而会显得很安静，同时你很敏感，一件小小的事情就会让你的内心世界波澜起伏。建议你学会调节自己的情绪，这样对人对己都有好处。

☆ 温馨提示 ☆

女人是非常情绪化的动物，每一个表情和动作都有不一样的含义，需要仔细琢磨，方能够品出其中滋味。

12. 你会不择手段打击你的敌人吗

不可否认，每个人的生命中，都会遇到自己的敌人。那么，当你在人际交往中处于优势时，你会不择手段地打击你的敌人吗？

假设世界末日将要来临，你只可以拯救一种动物！这时，你会选择拯救哪种？

A. 猫　　　B. 绵羊　　　C. 鹿　　　D. 鹰

结果分析

选择A：你是一个"永不言败"的女孩子，有时候表面上会服输，但是内心却不肯承认失败。其实，你是那种输不起的女子，有机会就会给对手以沉重的打击，甚至手段并不光彩。这种方式可以成功一、两次，但久了就会被他人识破，你也就得不到什么好果子吃了。

选择B：你是"温顺型"的女子。一般来讲，即使是双方处于敌对的地位，你也会觉得对方是有什么苦衷，认为谈判和讲理会解决一切。这种态度当然很令人欣赏，但是害人之心不可有，防人之心不可无啊！

选择C：你是"倔强型"的女子，为了自己的尊严，也会硬跟自己的对手拼命，哪怕是自己处于不利的地位。其实，有时候忍小辱才会成大事，没有必要逞一时的血气之勇。

选择D：你是"不择手段型"女子。生活中，你信奉"死了的印第安人才是好的印第安人"，因此，只要是有机会，你就会对你身边的敌人进行不择手段地打击。但是你一定要小心，如果走了背运的话，你会输得很惨。

☆ 温馨提示 ☆

贝尔奈说过："不会宽容人的人，是不配受到别人的宽容的。"因此，生活中，得饶人处且饶人，人与人之间才会相处得更加和谐。

13．看指甲，知性格

我们知道，指甲与健康息息相关，可是你知道吗？指甲的形状也常常能够反映出一个人的性格，不妨现在就伸出手指头，观察一下你指甲的形状，听听"它们"告诉你些什么？

A. 方形   **B. 圆形**   **C. 椭圆形**

结果分析

选择A： 你属于那种"直爽干脆"的女孩子，意志力比较强，性格偏男性化。一般来讲，对于自己能够胜任的工作，你一定会认真去做；一旦朋友有难，你常常会鼎力相助。在朋友的眼里，你人很好，因此他们都乐于与你交往。

选择B： 你属于那种"随和容忍"的女孩子，适应环境能力特别强，不会轻易和他人发生冲突。即使与人意见不一致，你也不会硬要在口舌上争输赢。这种个性有利于团结，但不善表现自己的才智，进而丧失"贵人"相助的机会。

选择C： 你是那种"敏感善良"的女孩子，操心很多，心眼很小，有时候会略带神经质。你的想象力丰富，感情充沛，是人道主义的拥护者。对于感情，你常常会陷入烦恼、庸人自扰的情境，往往导致"小事变大事"的发生。但是你很具才情，颇能吸引他人的注意。

☆ 温馨提示 ☆

你是哪种女孩子呢？直爽干脆、随和宽容，还是敏感善良？不管哪种，你都有属于自己的风采。

14. 笑容露出你的心机

生活中，我们常常会说某个女孩子心机很重，或者是某个女孩子心地单纯，没有心机。那么，在别人的眼里，你是一个有心机的女孩子吗？假如朋友讲了一个发生在自己身上的笑话，你会怎么笑呢？

A. 毫不掩饰地大笑

B. 想要忍住不笑，但没有成功，嗤嗤地笑了出来

C. 遮住嘴巴笑

D. 干笑或者冷笑

结果分析

选择A： 你的心机指数为40%。你是一个心地单纯的女孩子，只要是自己喜欢做的事，或是自己坚持的观点和想法，不管别人怎么劝说，你都不会改变初衷。同时你是一个爱憎分明的女人，只要是自己不喜欢的人，就会拒绝和他来往。

选择B： 你的心机指数为60%。不可否认，你是一个心地善良的女孩子，每当朋友们遇到困难时，你就会跑前跑后地帮他分忧解难。但是你却是最常忽视自我需求的那个人，很多时候会为了别人牺牲自己。

选择C： 你的心机指数为70%。你属于哪种宁愿自己生闷气，也不会轻易说出来的女孩子。很多时候，你会紧闭自己的心门，别人想进也进不来，其实在内心深处，你是很渴望别人了解你的。

选择D： 你的心机指数为90%。你是很有心机的女孩子，在与人交往的过程中，不管用什么方法，你总是试图操纵别人，以达到自己的目的。在别人的眼里，你是一个厉害的女人，因此惹不起的时候，他们会选择躲开。

☆ 温馨提示 ☆

为人还是单纯一点好，心机太重了，于人于己都会感到累。

第二章
你是个会说话会办事的女人吗

现代社会是一个开放的社会，人际关系的重要性不可忽视。身为女性，不管你身处职场，是一个风光的职业女性，还是待在家里，做一个全职的家庭主妇，交际都是不可避免的。那么，在交际中，你能够处理好社交中的每一个环节吗？你能够把每件事情都办得妥妥帖帖，把每句话都说到人的心坎里吗？不妨通过本章的测试，来对自己做一个综合评价。

1. 你有多少大小姐脾气

紧张的生活和工作常常会给人们带来很大的压力。有的时候，女孩子适当发一下大小姐脾气是必要的，这样可以显示出你小女人的一面，也会换来对方的怜惜。那么你有多少大小姐脾气呢？来测一下。

1. 和朋友约会你经常会迟到吗？

A. 从来不会。前进到第2题

B. 家常便饭。前进到第3题

2. 你喜欢文科还是理科？

A. 文科。前进到第4题

B. 理科。前进到第5题

3. 你比较喜欢吃蛋糕还是饼干？

A. 蛋糕。前进到第6题

   B. 饼干。前进到第7题

4. 你喜欢早晨还是傍晚？

   A. 早晨。前进到第8题

   B. 傍晚。前进到第9题

5. 你是不是最讨厌别人用命令的语气和你说话？

   A. 是。前进到第9题

   B. 无所谓。前进到第11题

6. 朋友的生日快到了，你准备送什么礼物？

   A. 鲜花。前进到第9题

   B. 发卡。前进到第10题

7. 旅行时一定会带？

   A. 药。前进到第10题

   B. 零食。前进到第11题

8. 你的知心朋友是不是不止3个？

   A. 是。前进到第12题

   B. 不是。前进到第14题

9. 你是否认为女人必须学会做家务？

   A. 是。前进到第12题

   B. 不是。前进到第13题

10. 觉得自己跟异性朋友还是同性朋友比较合得来？

    A. 异性。前进到第13题

    B. 同性。前进到第15题

11. 当你看到自己喜欢的男孩子在打电话，你心里可能在想？

    A. 一定是在跟他喜欢的女孩子打电话。前进到第14题

    B. 可能给家里打电话。前进到第15题

12. 你常常会把自己的心情写到脸上吗？

    A. 会。B型

    B. 不会。A型

13. 跟朋友去约会，一般你会选择去哪儿？

    A. 公园。A型

    B. 游乐场。C型

14．如果突然中大奖了，你会？

　　A．把钱存起来。B型

　　B．买一些自己喜欢的物品。D型

15．你在家中是独生女吗？

　　A．是的。D型

　　B．不是。C型

结 果 分 析

A型：在人际交往中，不论对谁你都很友善，能够设身处地地为他人着想，在一旁默默付出。如果要说小姐脾气，你也是那种有教养的小姐，有礼貌知分寸，不会无理取闹，但你是个非常有主见的女孩子，只要你自己认准的事情，就绝对没有人可以阻止你。

B型：人际交往中，你不但没有大小姐脾气，而且母性很强，常会操心很多事情，会照顾身边所有的人。但是因为你太过能干，反而会让你身边的人对你敬而远之。建议你做什么事情不要太过主动，偶尔发一下大小姐脾气，显示自己脆弱的一面，是十分必要的。

C型：你是一个情绪化的大小姐，身边的人根本猜不透你什么时候会发你的大小姐脾气。因为你的心情就如同是六月的天气，难以琢磨，而且你做什么事情都是依心情而定，因此很容易树敌。

D型：你渴望得到身边人的保护和宠爱，也很会撒娇，是个标准的小女人。正是因为这点，你很受异性的青睐，但是容易遭到同性的排斥。所以，你的大小姐脾气只对异性有用，在同性面前反而会引起她们的反感，应该稍微克制一下。

☆温馨提示☆

适当地显示一下自己的大小姐脾气，往往会得到别人的注意和怜爱。但过犹不及，太过了就不免显得虚情假意，矫揉造作。

2. 你善于说谎吗

都说女人说谎不用打草稿，但是仍有一部分女人一说谎就脸红，很容易被别人看穿。那么你是说谎高手吗？在说谎的时候是脸不红、心不跳还是非常紧张、结结巴巴？小测试，看看你说谎的能耐。

你结婚的时候，一位关系不错的朋友包了500元红包给你，下个周末就是他的婚礼，你会包多少钱的红包呢？

A. 同样500元　　　　　　　**B.** 800

C. 500至800之间　　　　　**D.** 800以上

结果分析

选择A：除非有必要，否则你不会说谎。很多时候，你需要说一些善意的谎言来帮助他人减轻一些痛苦，这个时候，你可能会装得比较自然，但是内心却非常紧张。如果没有什么特殊原因，你绝对说不出谎言来。

选择B：你是那种做事情大大咧咧的女孩子，有时会随口说出一些谎言，但是又会在不经意间自己拆穿。因此，在这方面你一定要小心哦！

选择C：一般来讲，你不愿意说谎，但是一旦说起谎来，就像真的一样，脸不红，心不跳，也不会去管别人怎么想。

选择D：你是很有说谎潜质的女孩子，在这方面甚至已经达到了炉火纯青的地步，但是你不屑于说一些无关痛痒的小谎，往往倾向只说大谎。

☆ 温馨提示 ☆

有时候一些善意的谎言，是合理的，也是必需的。但是不管说哪种谎言，谎言过后是一个很辛苦的过程，因为你必须时时小心谎言会被拆穿。

3. 在朋友眼中你是个怎样的女人

想不想知道你在朋友的眼中是一个什么样的女人，赶快来测一下吧！

一次，你约朋友来家中聚餐，结果朋友走后你发现她把一些东西忘在了你的家里，此时你会怎么办？

A. 立即给朋友送去　　　　**B.** 约她在某一地方见面，然后交给她

C. 托人带给她　　　　　　**D.** 暂时先放在家里，以后有机会再说

结果分析

选择A： 你是一个有大胆与冷静两种特性的人。不管在任何时候，你都会以整体的利益为重，绝对不会被眼前的小利所诱惑。建议你偶尔也考虑一下自己，毕竟每个人都是为自己活的，太大公无私了，自己会受很多委屈。

选择B： 你是一个对任何事情都很积极的女孩子。在朋友们的眼里，你很聪明，头脑很灵光，对工作也能独当一面，自立性很强。但是你自身存在一个小小的缺点，即你对自己太过自信。

选择C： 你天生是一个乐观开朗的女孩子，喜欢尽自己最大的能力来帮助他人，有时候即使自己能力难以达到，你也不会拒绝他人的求助。建议你学会说"不"，这样就会给自己减少很多不必要的负担。

选择D： 在朋友们的眼里，你是一个认真谨慎的女孩子。凡事三思而后行，绝对不会鲁莽行事，而且有着强烈的责任感。你应该已经意识到，因为责任感太强，给你的生活造成了很大的压力。

☆ 温馨提示 ☆

不管在别人眼中你是什么样子的，最重要的是你一定要保持自己的本色，千万不能为了迎合别人而失去自我。

4. 你是善解人意的女人吗

女人的善解人意静水流深，是一种境界，是一种不假思索的天赋风情，是从女人的骨子里散发出来的一种独特的气质。你是一个善解人意的女人吗？

朋友遇到了一些不高兴的事情，于是约你出来想向你倾诉，面对心灰意冷、无精打采的她，你会对朋友说些什么话呢？

（1）失去自信

朋友告诉你说："这次我本来对最佳设计奖充满信心，结果评委们说我缺乏设计方面的天赋，以后我再也不搞设计了。"这时你会说？

A. 放弃也好，还有很多适合你走的路

B. 你千万不要自暴自弃，相信你肯定会有出人头地的一天

C. 知道吗？有时候过度自信反而会害了你

（2）情绪低落

朋友说："不知道什么原因，这段时间我总是情绪低落……"此时你会说？

A. 每人都有情绪周期，这种情况很正常的

B. 最好能够多运动一下，它能够缓解抑郁的情绪

C. 别这个样子，打起精神来

（3）满腹牢骚

朋友告诉你说："我最近都快要忙死了，天天加班到深夜，好久都没有休息日了，最后还只领那么点薪水……我简直要崩溃了？"这时你会说？

A. 我知道你很喜欢这份工作，等忙过这段时间就好了

B. 你学着自己给自己放假啊，另外，应该多吃点补品

C. 发牢骚不能解决任何问题，辞职算了

（4）自暴自弃

朋友说："你说为什么我总是这么倒霉啊！我再也不敢相信爱情了，我决定了，和他分手。"这时你会说？

A. 他那么做肯定也有他的苦衷，你不要这么生气了

B. 再闹下去对谁都没有好处，你自己想清楚啊

C. 你和我比起来就会觉得自己是幸福的了

（5）自我嫌弃

朋友说："我觉得自己简直是一无是处，刚才不小心又伤害了同事，我真的是无心的啊！你说我怎么就这么笨呢？" 这时你会说？

A. 别太在意刚才说过的话了，他们不会多心的

B. 你只是说话不小心而已，不要太在意了

C. 我也经常说话口无遮拦的

结果分析

以上各题，选A得3分，选B得1分，选C得0分。计算你的总得分。

0～3分：在善解人意方面，你还有所欠缺，认真考虑一下，你的人际关系是否不太好呢？原因可能是你有以下特点中的一种或者几种：固执、表面化、没有责任感、感情用事等，问一下自己在哪方面存在问题，赶快纠正吧！

4～10分：你是那种非常理性的女孩子。虽然有时候能够体会到对方的心情，但不善于表达，不过你态度诚恳，为人和蔼可亲，所以朋友还是能够感受到你传递的力量。如果你画蛇添足地想要表明自己的意思，反而会使你的真诚褪色。

11～15分：你是非常感性的女孩子，在与别人交往的过程中过分诚恳，可能因为感受力比较强，你总是投入极大的感情，甚至会给对方造成负担。你最大的弱点在于你过度受对方情绪的感染，以至于丢失自己的本色。

☆温馨提示☆

善解人意是宽容、是热情，是理解、是赞美，是一种教养，不可模仿，也无法速成。但是善解人意的韧性，足以承受生活中所有的磨难。

5. 你会"说话"吗

你是否特别羡慕一些人能够在一些重要的场合说出一些得体的话，赢得众人的青睐？的确，一个人的口才很重要，而什么场合应该说什么话更是不可忽视。你知道应该怎么"说话"吗？你会"说话"吗？赶快进入下面的这个测试吧！

1．当你不是众人讨论的焦点人物时，你是不是会不自觉走神？

A．会　　　　**B．有时会**　　　　**C．从来不会**

2．当别人与你谈论和你关系不太大的事情时，你是否觉得很难聚精会神地听下去？

A．会　　　　**B．有时会**　　　　**C．从来不会**

3．一个刚刚认识不久的朋友向你讲他的恋爱史，并期待你的回应，你会？

A．极不情愿

B．无动于衷

C．很乐意倾听，必要时还会给以指导

4．你是否想过自己需要一段时间思考一下走过的路？

A．是的　　　　**B．有时会想**　　　　**C．从来没有想过**

5．倾吐自己的心事时，你是否只信赖自己相处多年的好友，其他人很难让你放松警惕？

A．是的　　　　**B．有时是**　　　　**C．不是**

6．你最容易和哪些人相处？

A．各种各样的人

B．已经了解的人

C．相处很久的人

7．你是否很少向别人倾诉自己的感受，因为你觉得即使你说了别人也不会了解？

A．是的　　　　**B．有时是**　　　　**C．不是**

8．你是否认为轻易流露自己感情的人是没有内涵的？

A．是的　　　　**B．有时是**　　　　**C．不是**

9. 朋友聚会，当气氛达到高潮时你是否觉得自己有很强的失落感?

    A. 是的   **B. 有时是**   **C. 不是**

结果分析

以上各题，选A得1分，选B得2分，选C得3分。计算你的总得分。

9～14分： 你是一个很会说话的女人。你简直就是社交高手，不管在何种场合，你都能够营造一种轻松和谐的氛围，让同伴们不由自主地加入到讨论当中。像你这样一个知道什么时候该说什么话的人，是很受同伴们喜欢的。

15～21分： 从外表来看，你比较冷淡，其实你外冷内热，交谈也是你的强项。一般来讲，跟不太熟识的朋友在一起，你多会保持沉默，但跟熟悉的朋友在一块儿，你是其中的活跃分子。

22～27分： 你不太会说话，通常在迫不得已的时候你才会与别人交流。遇到与你志同道合、相见恨晚的朋友，你通常不会用语言的形式来与他建立友谊。除非有人主动走进你的内心世界，否则你总是一个人处于孤独的个人世界里。像你这样的人都有一些自闭倾向。

☆ 温馨提示 ☆

    语言是一门很深奥的艺术，如果能够正确使用，常常可以使你在人际交往中如鱼得水，也能够为你的事业插上成功的翅膀。

6. 你交际的弱点在哪里

每个人的性格爱好，成长经历，家庭背景都不相同，这就决定了每个人的处事方式中也不相同。在这些不同之中，或许会有别人不习惯或者无法忍受的一面，但这些弱点或许你又难以察觉。那么让下面的测试来帮你分析一下吧！

你在学校度过的时间里，特别是那段心理上极度叛逆的时期，你觉得老师身上最不能让你忍受的是什么？

A. 情绪不稳定，容易"歇斯底里"，对学生实行精神压迫

B. 专制，不听取学生的意见

C. 不公平，偏袒所谓的好学生

D. 对学生使用暴力

结果分析

选择A：这个选择其实就是自我缺陷的自然暴露。一旦遇到什么不如意的事情就会"歇斯底里"，情绪极不稳定。你的这种表现方式很容易引起别人的情绪疲劳，为了使人际关系更加融洽，建议你注意克制自己的情绪。

选择B：你是那种颇具领导力的女人，在工作中往往起着决定性的作用。但是你需要有多吸取一些周围人意见的谦虚态度，否则，最终有可能谁也不会再顺从你。你的缺点就是很少听取他人的意见和建议。

选择C：你有一些心理恐慌症的表现。一般来讲，你的交际范围容易往纵向深入，很难横向扩展，对于自己讨厌的人，你往往将它们彻底排除在你的社交圈外，只愿意与某一些特定的人建立更好的关系。建议你扩大交际圈，这样会得到来自各方面的帮助。

选择D：你可能是那种动作、语言很粗暴的野蛮女孩子。交往的过程中，因为一点不如意就出手或出口伤人。建议你一定要注意控制自己的情绪，否则你会很容易和不了解你的人发生激烈的矛盾。

☆ 温馨提示 ☆

认识到自己交际中的弱点，有则改之，无则加勉，你的人际关系会因此变得更加融洽。

7. 你有社交恐惧症吗

有很多女人在与他人交往时会感到紧张，甚至会在很大程度上存有恐惧。其实她们不是不好意思，也不是害羞，是因为她们可能患有社交恐惧症？想知道你是否有社交恐惧症吗？来做下面的测试吧！

以下各题都有4个答案可以选择，它们分别是：

A. 从不或很少如此；B. 有时如此；C. 经常如此；D. 总是如此。

1. 我怕在重要人物面前讲话。

2. 在人面前脸红我很难受。

3. 聚会及一些社交活动让我害怕。

4. 我常回避和我不认识的人进行交谈。

5. 让别人议论是我不愿的事情。

6. 我回避任何以我为中心的事情。

7. 我害怕当众讲话。

8. 我不能在别人注目下做事。

9. 看见陌生人我就不由自主地发抖、心慌。

10. 我梦见和别人交谈时出丑的窘样。

结果分析

　　根据你的情况对每道题选出相应的答案，选A得1分，选B得2分，选C得3分，选D得4分。计算你的总得分。

　　10～15分：你大可放心，你没患社交恐惧症，因此也不必大惊小怪地担心社交恐惧症会影响你的生活。

　　16～24分：已有了轻度症状，照此发展下去可能会不妙。建议你在平时的人际交往中，多调节一下自己的精神状态。

　　25～35分：你已经处在社交恐惧症中度患者的边缘，如有时间一定要到医院求助精神科医生。

　　36～40分：很不幸你已经是一名严重的社交恐惧症患者了，快去求助精神科医生，他会帮你摆脱困境的。

☆ 温馨提示 ☆

　　社交恐惧症，制约着很多现代女性的社交，战胜恐惧，你会发现，走过去，前面是个天。

8. 你是否容易得罪人

在生活中得罪人的事是经常发生的，如热情之人对冷漠之人、乐观之人对悲观之人、豁达大度之人对小肚鸡肠之人、直言快语之人对性格自闭之人等，他们的言行可能在不自觉的状态中会得罪对方。

如果你抱着朋友刚送的精美玻璃制品上了公交，这时一个急着上车的人把你的东西碰碎了，而这个人竟然是你以前的邻居。这时你会：

A. 不管他是谁，大发雷霆，把对方骂得狗血淋头

B. 算了！自认倒霉，只能气在心里

C. 要求对方照价赔偿

D. 安慰他说没事

结果分析

选择A： 你总是认为朋友只是暂时的关系，而真正给你安全感的是摸得到、看得到的财富或物质。在你的观念中，你心爱的东西会比朋友重要。所以，你的朋友到最终都会成为你的敌人。如果你的观念不改，你的敌人会愈来愈多。

选择B： 你在处理人际关系的心态上，有点委曲求全，可能是你怕和别人形成敌对的状态，而这种敌对状态会给你带来很大的心理压力和精神负担，所以你没有信心去处理这些关系。建议你不要过分压抑自己，否则会渐渐地脱离人群。

选择C： 你觉得你和所有的朋友都是处于对等状态，没有谁该怕谁，谁该让谁的说法。因此，你的态度很客观，也很中立。你这样的处理方式，多数人可以接受。但遇到一些自我意识较强烈的人，就会认为你不讲人情，因而得罪对方。

选择D：你很尊重对方的自尊和价值，让对方感受到他自己是一个很受重视的人。因此，他除了感谢之外，还会以对等的态度回报你，将你当成最好的朋友。就是因为你这样重视朋友，给朋友面子，所以你的人际关系是很圆满的。

☆温馨提示☆

　　人与人交往的过程中，多一点宽容，多一点谅解，便会多一点和谐，多一点美好。

9. 你有一个好的人缘吗

　　生活中，谁都希望能够拥有一个好的人缘，因为它会让你的生活充满和谐，充满乐趣；而且好人缘是事业成功的重要助力，因为人缘网可以将许多人联系在你周围。有了牢固的人脉，就是拥有巨大的资本。

　　做下面的测试，了解一下你是否有一个好的人缘？

1. 你和同事们在一起时过得很愉快，是因为？

    A. 你发现他们很有趣，既爱玩又会玩

    B. 同事们都很喜欢你

    C. 你认为你不得不这样做

2. 当你有假期的时候，你会？

    A. 十分容易交上朋友

    B. 喜欢自己一个人独处

    C. 想交朋友，可觉得十分困难

3．你准备见一个客户，但这时十分疲惫却又不想让对方知道，你会？

    A．尽力去赴约，并试图让自己过得愉快

    B．和客户见面，并且问他如果你想早点回家，他是否会介意

    C．不与客户见面，希望他能谅解

4．和朋友的关系，你一般能维持多长时间？

    A．很多年

    B．几年

    C．一般时间都不长

5．一位朋友向你吐露了一个十分有意思的个人问题，你会？

    A．帮助他保守这个秘密

    B．尽自己最大努力不让别人知道

    C．当朋友刚离开，你就马上找别人来议论这个问题

6．当你有困难的时候，你会？

    A．相信自己完全能够应付这个困难

    B．向你所能依靠的朋友请求帮助

    C．只有十分严重时，才找朋友

7．当你的朋友有困难时，你发现？

    A．他们马上来找你帮助

    B．只有那些和你关系密切的朋友才来找你

    C．通常朋友们都不会麻烦你

8．你交朋友时，下面哪个选择最接近你的情况？

    A．在各种场合都可以

    B．通过你已经熟识的人

    C．经过一段较长时间的观察、考虑，甚至经历某种困难之后才

    交朋友

9．在下面的三种品质中，你认为是你的朋友应该具备哪一种？

    A．使你感到快乐和幸福的能力

    B．为人可靠、值得信赖

    C．对你感兴趣

10．下面哪一种情况对你最为合适，或者接近你的实际情况？

A. 只要有我在场，朋友们会感到很舒服、愉快

B. 我通常让朋友们高兴地大笑

C. 我经常让朋友们认真地思考

11. 假如让你应邀参加一次联欢活动，或者在聚会上唱歌，你会？

    A. 饶有兴趣地参加

    B. 找借口不去

    C. 当场就直率地谢绝邀请

12. 对于你来讲，下面哪个是真实的？

    A. 我喜欢称赞和夸奖我的朋友

    B. 我不奉承但也不批评我的朋友

    C. 我认为诚实是最重要的，所以我会保持自己与众不同的看法

13. 以下哪个比较符合你的情况？

    A. 你几乎和所有人都能相处得比较融洽

    B. 有时候你甚至和对你漠不关心的人都能相处下去

    C. 你只同那些能够与你分担忧愁和欢乐的朋友们相处得很好

14. 假如朋友对你恶作剧，你会？

    A. 跟他们一起大笑

    B. 可能大笑，也可能发火，这取决于你的情绪

    C. 感到气恼，但不溢于言表

15. 假如朋友对你有依赖感，你有什么想法？

    A. 我喜欢让别人依赖，认为我是一个可靠的人

    B. 在某种程度上不在乎，但还是希望能和朋友保持距离

    C. 我对此持谨慎的态度，比较倾向于避开可能要我承担的某些责任

结果分析

以上各题，选A得3分，选B得2分，选C得1分。计算你的总得分。

36～45分：你对待周围的朋友都很好，你们相处得很融洽。而且，你能够从平凡的生活中得到很多乐趣。你的生活是丰富多彩而且充实的，在朋友中有一定的威信，他们很信任你。总之，你会交朋友，你的人缘很好。

26～35分：你的人缘不怎么好，你和朋友们的关系不稳定，时好时坏，经常处于一种起伏波动的状态中，朋友跟你在一起可能不会感到轻松愉快。你只有认真坚持自己的言行，虚心听取那些逆耳忠言，真诚对待朋友，学会正确地待人接物，你的处境才会改变。

15～25分：你的情况很糟糕，你很可能是一个孤僻的女人，思想不活跃、不开朗，喜欢独来独往。但是，这一切并不意味着你不会交朋友，更不能武断地说你人缘差。其主要原因在于，你对于社交活动，对人和人之间的关系不感兴趣。建议你积极地改善自己的交友方式。

☆ 温馨提示 ☆

一个好的人缘，通常会给你的生活带来很多意想不到的幸福和快乐，因此，敞开你的心扉，多结识一些朋友吧！

10. 从用餐的角度看交际

　　每个女人，都希望跟朋友到一个有情调的餐厅用餐，因为这是一件很愉快的事情。但是，你知道吗？从每个人的用餐习惯我们就可以猜测出她的心事，不信，一起来看看：一天，你的心情特别好，于是决定上西餐厅，你会点哪一类的餐点呢？

A. 自助餐　　　　　　　　**B. 招牌菜**

C. 标价最高的餐点　　　　**D. 重质又重量的套餐**

结果分析

　　选择A：你是那种容忍高效的女人。你有极大的同情心和容忍度。在工作方面，你做事的效率非常高，而且喜欢挑战困难，意志坚强而乐观进取，但是你生性急躁。

　　选择B：你是那种善于交际的女人，活动性及企图心强烈。喜欢与人相处，喜欢享受处处被人围绕欢呼的感觉。同时，你富有领袖欲，社交活动力特别高。虽然与任何人都颇合得来，但须注意遭人陷害。

　　选择C：你是那种语不惊人死不休的女人。一般而言，你喜欢新奇古怪的事物，做事情常常凭感觉，为此，有的时候你会损害到他人的利益，但对这一切你好像并不在乎。建议你做事情之前考虑清楚，这样会减少朋友的误解。

　　选择D：你是那种过于严谨、性格沉稳的女人。但很多时候，过于谨慎的个性会让你失去生命中的很多朋友。因此，你应该学着改变自己的态度，放开胸怀，结识更多的朋友。

☆ 温馨提示 ☆

　　怎么样，你用餐的方式出卖你没有？其实，不管怎么样，只要在人际交往中保持一颗真诚的心，你就会得到真诚的友谊。

11. 测一下你的交友原则

你身边的朋友都是什么类型的人，是什么吸引你去和他们成为朋友的？你交友有怎么样的原则？做下面的测试了解你的交友原则。

如果你是《桃花源记》中的渔人，偶然进入到一个人间仙境似的世外桃源。这里没有世俗的喧嚣，没有世俗的烦恼，同样是"土地平旷，屋舍俨然，有良田美池桑竹之属"，这时你第一眼注意到的会是什么呢？

A. 和蔼慈祥的老人　　　　**B. 在家门口嬉戏的小孩**

C. 正在交换物品的人群　　　**D. 在河边洗衣的少女**

结果分析

选择A： 交朋友对于你来说，是十分顺其自然的事。你从来不强求，也不会主动地想和哪一种类型的人在一起，更不会趋炎附势交一些和自己生活理念不同的有钱人，你追求自然、随缘的交友原则。

选择B： 对于交朋友，你不太关心，你是个个性孤僻，在人群中你就像那来去不定的云朵一样，不理会他人的闲事，也不希望他人介入自己的生活。因此，你的朋友很少，时间长了，会闭塞心灵。建议你试着向他人敞开心扉。

选择C： 天下到处都有你的朋友，你从不在意有多少可以交心的知己，你一直在努力使自己成为一个交友广阔的人，你觉得不同的朋友可以为自己带来不同的视野和生命的契机，但要学会谨慎，小心上当受骗。

选择D： 人生得一知己足矣，是你的座右铭。对于交朋友你是有选择性的，可是你选择朋友完全依靠感觉，如果是自己看上眼的人，就会想法接近对方，可如果是自己不喜欢的人，你连看也不看。因此，你的朋友面很小，但友谊很深。

☆温馨提示☆

朋友是一种相遇。大千世界，红尘滚滚，于芸芸众生、茫茫人海中，能够彼此遇到，相互认识，相互了解，相互走近，实在是缘分。

第三章
你是个情绪化的女人吗

生活中，每个女人都会遇到不如意的事情。有的女人会为此大发雷霆，结果事情并不会因你的愤怒而得到解决，反而会变得更糟。而有的女人则是每临大事有静气，可以很好地掌控自己的情绪，她们往往会峰回路转，立于不败之地。因为情绪是天使与魔鬼的综合化身，调控得好，常常会助你一臂之力，反之则会给你带来噩运。生活中的你，是怎样一个情绪化的女人呢？

1. 你是一个容易自卑的女人吗

知己知彼，百战不殆。你若有兴趣知道自己是否心存自卑感，就请认真完成1~14题。凭第一感觉选择一个最适合你的答案。

1. 你是否想过5年，10年后会有什么使自己极为不安的事情？

   A. 经常想　　　　**B. 没想过**　　　　**C. 偶尔想**

2. 早晨起床后，你照镜子时的第一个念头是什么？

   A. 再漂亮点就好了

   B. 想精心打扮一下

   C. 别无它想，毫不在意

3. 看到你最近拍摄的照片，你有何想法？

   A. 不理想

   B. 还算可以

   C. 拍得很好

4．如果有来生，在性别上你会做何选择？

A. 做女的已经够受的，还是做男人好

B. 什么都行，男女都一样

C. 仍然做个女人

5．你的身高与周围的人相比如何？

A. 比较低　　　　**B. 很高**　　　　**C. 差不多**

6．你受周围同事的欢迎和爱戴吗？

A. 受欢迎和爱戴

B. 不太清楚

C. 不受欢迎和爱戴

7．你经常被朋友或同事起各种绰号吗？

A. 常有　　　　**B. 偶尔有**　　　　**C. 有**

8．当你还是学生时，老师批过的考卷发下来了，同学们要看怎么办？

A. 把考卷藏起来

B. 把打分的地方折起来后让他们看

C. 让他们去看

9．挨领导多次训斥后，有过"自己反正没前途了"的想法吗？

A. 常有　　　　**B. 偶尔有**　　　　**C. 没有**

10．你有过在某件事情上绝不亚于他人的自信吗？

A. 从来没有

B. 没想过也不介意

C. 有一两次

11．寂寞时或碰到讨厌之事时怎么办？

A. 陷入烦恼中

B. 向朋友和父母诉说

C. 吃喝玩乐一番后就忘记了

12．被同事叫"不知趣的人"或"蠢东西"时，你怎么办？

A. 心里感到不好受而流泪

B. 我也回敬他："蠢货！没教养！"

C. 不在乎

13．如果碰巧听到朋友正在说你所尊敬的人的坏话，你会怎么办？

    A. 担心会不会是那样

    B. 不管闲事，别人是别人，我是我

    C. 断然反驳："根本没那种事！"

14．遇到难事时，你想寻求帮助，但又不愿开口求人，怕别人取笑或轻视，是这样吗？

    A. 虽然怕丢人，但还是会问　　　**B. 是的**　　　**C. 不在乎，开口就问**

15．当别人遇到麻烦时，你常会有幸灾乐祸的感觉吗？

    A. 常有此心

    B. 有一点儿

    C. 没有，并且通常会积极帮忙

16．你爱向人夸耀自己的能力和"荣耀历史"吗？

    A. 是，不说出来总觉低人一等

    B. 从来不，没什么可炫耀的

    C. 偶尔也夸自己两句

17．你很看重学习成绩和工作成绩吗？

    A. 是的，很看重

    B. 不看重，只要自己努力了就问心无愧

    C. 比较看重

18．你觉得入乡随俗是很困难的事吗？

    A. 是，常常还保持自己的习惯

    B. 能接受，但不是全部

    C. 无所谓，到哪儿都一样

19．你觉得人的面子最重要，轻易认错是很没面子的行为，是这样吗？

    A. 是，从不认错

    B. 不在乎，错了就要承认嘛

    C. 要看情况认错，不会无原则地认错

20．你常问自己"我能行吗"这类问题，是吗？

    A. 是，常怕自己做不好

    B. 有时心里也没底

    C. 只要尽自己最大努力做就行了

结果分析

以上各题，选A得5分，选B得3分，选C得1分。计算总得分。

14～29分：你的自卑主要是由环境变化造成的。你平时没有自卑感，无论情况如何变化，你都是一个乐天派，你对自己的才能充满自信。如果你产生自卑感的话，那是因为环境变化了，譬如你进入了人才济济的大单位。

30～44分：你的自卑主要是理想过高造成的。你有过分追求、理想太高的缺点。你不满足现状，想出人头地，这些想法导致你去追求一些不切实际的想法。也可以说，你过于与周围的人计较长短胜负，因此陷入自卑感中无法自拔。

45～60分：你的自卑主要是过早断定造成的。你在做事前就过早地断定自己不行，自认为不如别人。因为你不了解周围人的情况，不清楚你所思虑的事情的本来面目，等搞清楚之后就会坦然自如。

61分～70分：你的自卑主要是性格懦弱造成的。你习惯用消极悲观的眼光看待事物，你对自己的外貌缺乏自信，一看到自己的缺点，就自认为不行而转向消极。不管是与人交往还是自己做事，懦弱都会导致自酿苦酒。

☆温馨提示☆

如果一个人笼罩在自卑的阴影下，就如同给自己的心灵套上了枷锁，负重前行，同时也阻隔着自己与外界的沟通。

2. 你有孤僻的倾向吗

假如你乘坐宇宙飞船在太空旅行，忽然被吸进了一个看不见的黑洞中，然后被扭曲的空间困住了，而且此时也与外界失去了联系。此时你心中充满了恐惧，担心再也回不去了。凭你的想象，你认为那个扭曲的空间有多大呢？

A. 非常狭窄，动弹不得

B. 有足以让自己转动身体的空间

C. 它的空间足以让自己顺利通过

D. 里面的空间非常广阔

结果分析

选择A： 你是那种对什么事情，对什么人都毫无防备的女孩子。你很容易相信别人，并且很快就会和他们打成一片，这不能不算是一种优点，但这种优点很容易让你上当受骗。建议你提高警惕，最好能和他人保持一定的距离。

选择B： 你是个性豪爽、过度正直的女孩子。一般来讲，你会把自己的一切毫不保留的表现出来，而这正是你的优点所在，不过，如果说话太直的话，很可能会被朋友当成一个"不会看场合说话的傻瓜"。

选择C： 你是那种太过小心的女孩子。即使是在家人或者朋友面前，你也不会轻易打开自己的心扉，别人总是觉得你很神秘，不知道你在想些什么，但是你自己却觉得自己很开放。其实，你有一点孤僻的倾向，需要多加注意哦！

选择D： 你是那种过分警戒的女孩子。你一直都生活在自己的小天地里，期望爱情、友情与机遇都能降临到自己头上。这样的你会对许多事情都充满希望。但如果凡事不主动些，就很容易因为个性孤僻而被大家误会。建议你打开心扉，多接触外面的世界。

☆温馨提示☆

心理专家研究发现，自信、开朗、坚强性格和意志坚定的人更容易成功，而内向、孤僻、冷漠的人则常常与成功擦肩而过。

3. 浮躁的年代，你是否具有浮躁气息

这是一个处处都充满着浮躁气息的年代，因为浮躁，让我们茫然不安，让我们无法静，让我们感受不到快乐和幸福。在这个年代，你身上也存在浮躁的气息吗？以下各题，每道题有都A．经常，B．有时，C．从不，三个选项，选出最符合你实际情况的一个。

1. 在工作上稍微遇到些挫折，你就想辞职或者跳槽吗？

2. 你非常讨厌做一些琐碎无聊的小事，是吗？

3. 你总是觉得他人的成功完全是靠运气得来的，是吗？

4. 你总觉得自己怀才不遇，没有遇到伯乐，是吗？

5. 你总是觉得同事没有自己有能力，没什么值得学习的，是吗？

6. 和朋友们聚会时，你是否总喜欢抱怨自己的付出和收获不成正比？

7. 你是否意识到许多想法过于急功近利，急于求成，但总也改变不了自己？

8. 你希望自己有美好的未来，可是一旦想起那些目标就感到烦躁不安吗？

9. 你发现自己对一份工作的热情持续不了多久，很快就心生倦意，是吗？

10. 你对目前日复一日的重复生活感到很厌烦，是吗？

11. 你虽然做什么事情都很努力，但总是没有回报，想起来就烦躁，是吗？

12. 你经常早上醒来时，在床上待着，什么事情也不愿意做是吗？

结果分析

选A得3分，选B得2分，选C得1分。

16分以下：你的心态比较平静，对什么事情考虑得都很成熟，相信只要自己努力一定会有结果。

16~23分：你的情绪有点浮躁，要注意调节，最好找一个心理咨询师，为自己的生活出路指指方向。

24分以上：你在情绪上很是浮躁，建议你赶快寻求咨询师的帮助，否则你的欲望难以自控，可能会让自己的生活翻车。

☆ 温馨提示 ☆

茶香还需热水沏，做事情如果一味地抱有浮躁的心态，就如同用冷水泡茶，则根本显示不出茶的奥妙。

4. 你是个完美主义者吗

很多女性都追求完美，例如外表一定要漂亮，身材一定要完美，职业一定要体面等。但过分追求完美常常会让你不能尽情地享受生活，甚至会远离成功。那么，你是一个完美主义者吗？下面的这个测试，或许对你有所帮助。

以下每道题都有A.完全符合，B.基本符合，C.不太符合，三个选项，选出最符合你的。

1. 你想与多年前熟识的男友联络，可每当想给他写信时却又一次次推迟。因为使他了解你之前的状况似乎是一件很难的事，是吗？

2. 你为一位潜在的客户做了营业报告但却没有争取到这位客户，你会连续几周感到沮丧和心不在焉，并且不断地想起你说错的话和做错的事吗？

3. 如果工作上有人挖苦或羞辱你，你会发怒并感到受了伤害。但随即你会这样想："我应该能忍受这些，不能让它困扰。"是吗？

4. 如果你不得不换工作，你会在制订目标后再去找吗？比如，你会先减肥，达到完美的体型后再以最佳状态去面试。

5. 由于干洗店没有及时清洗你喜爱的餐桌布，你在就餐时感到很不舒服，并且不能尽情享受美味吗？

6. 工作中你尽量避免参加日程上的讨论会，除非你已经在事前做了充分的准备，是吗？

7. 你正在设计一个重要的方案，却找不到最心爱的钢笔，你会放下手头的工作直到找到它为止吗？

8. 当你在某人身边，而他又是你心仪的男人或对你的工作很重要的人物时，你便会谨慎从事，尽量使谈吐恰如其分，是吗？

9. 当你因不得不当众发言而感觉慌乱时，你会在心里气愤地责备自己不争气吗？

10. 如果朋友要你请假陪她去医院看病，而你碰巧有重要工作而不能请假时，你内心会感到非常不安吗？

11. 节日期间你因送礼物问题而搞得焦头烂额吗？因为你不得不花上几个星期的时间寻觅适合的礼物。

结果分析

以上各题，选A得2分，选B得1分，选C得0分。计算你的总得分。

14～22分：你很接近于病态完美主义者，你对于期望过分坚持，而当你达不到目标时就会感到万分痛苦。

8～13分：你似乎对结果的期望值不是很高，你只是在生活中的某些领域里不够圆融变通。

0～7分：你的目标和结果基本接近于现实，完美主义的思想并不是你生活的主流。

如果你符合问题4和10，说明你抱有不切实际的目标或理想。完美主义者常常自发地引起不必要的焦虑和因为制订过高的目标而增加失败的机会。

如果你符合问题1和3，你可能有拖延的习惯。完美主义者常因害怕事情不能做得完美而避免采取行动。其实，想想看，不采取行动和完美之间还有第三条可走的路——行动，而行动的范围和可能是无限的。

如果你符合问题7和11，你过分注意细节和精确性。你会努力使每一步都到位，这会让你把更多的时间和精力花在不值得的地方。

如果你符合问题2和5，那么你容易忽略积极的因素，常因小小的瑕疵和过失而一笔勾销以往的努力，完美主义者认为宁缺毋滥：如果我做砸了一桩生意我的工作就一无是处。实际上，他们忽略了事实——那些做成功的生意，而只注意了消极的因素，并因此而使自信、自尊受挫。

如果你符合问题6、8和9，那么你惧怕自我暴露。完美主义者常认为"假如我不完美我就难以使别人喜爱我。"这种想法易造成与他人交往时过分苛求自己，缺乏自主意识。

☆ 温馨提示 ☆

"金无足赤，人无完人"，在这个世界上没有任何人，也没有任何事物是完美无瑕的，如果一味追求完美，恰恰会带来一些不必要的麻烦和负担。

5. 你容易产生羞怯的情绪吗

羞怯的心理每个人都有，只是轻重不同而已。羞怯是一种常见的心理，但过度羞怯则是一种病态了。

生活中，你容易产生羞怯吗？来测一下吧！

1. 你去朋友家做客，却忘记了他家的门牌号，这时你会？

   A. 随便按响一家门铃打听清楚，没准会碰上

   B. 给朋友打电话询问一下

   C. 在小区里一家家地找

2. 如果你的上级要你对他直呼其名而不是称呼其职衔，你会感到？

   A. 很高兴

   B. 无关紧要

   C. 很不习惯

3. 当面对一个全是陌生人的房间时，你会？

   A. 犹豫半天才跨进去

   B. 一直等到有其他人才随着一起进去

   C. 毫不犹豫地走进去

4. 在日常例会上，你有个与众不同的建议，这时你会？

   A. 站起来侃侃而谈

   B. 会后向有关人员私下提出

   C. 希望会场中有人代你提出

5. 你和家人去餐馆吃饭，无意发现邻座坐着一位你崇拜已久的明星，你会？

   A. 极想上去请他签名，但只是局促地坐着不动

   B. 在家人的撺掇、鼓动下，鼓足勇气上前提出你的请求

   C. 自自然然走到他桌前搭讪

6. 一次小型聚会上，你看见一位吸引你的男生，你会？

   A. 希望他能够注意自己

   B. 请朋友引见

   C. 走上前去做一番自我介绍

7. 国庆节单位搞联欢会，领导委托你作节目主持人，这时你会？

    A. 欣然接受

    B. 答应试试，心中有点打鼓

    C. 觉得不可想象，坚决推掉

8. 家里来了一位你从未谋面的客人，你会？

    A. 轻松地进行攀谈

    B. 开始有点紧张，后来就好了

    C. 一直担心自己举止失当

9. 从店里买回一件新的服装，何时你开始穿？

    A. 买回来先放着，直到家人催促才穿，或有限的小范围试穿

    B. 一直看到周围有人穿上同款的，才穿出去

    C. 回家就换上

10. 一年一度的业余合唱节到了，你是合唱队成员之一，指挥给队员排位置，你希望被安排在：

    A. 第一排中间观众视线的焦点上

    B. 旁边都有队员遮挡的后排位置

    C. 只要不是中间就行

11. 上司派你机场接客人，告诉了你那人的姓名及外貌特征。你在人流中看到这样一个人，这时你会？

    A. 大步上前加以证实

    B. 把写着"接XXX"的牌子在他的视线内晃动希望引起他的注意

    C. 站在一边，直到其他旅客走光，确定他也在等人才去招呼

12. 在舞会上，有位你并不相识的男人一直凝视你，你会？

    A. 以同样的方式回报他

    B. 扫对方一眼，又装作未察觉掩饰过去

    C. 微微低头或将脸扭开

结果分析

以上各题，选A得1分，选B得2分，选C得5分。计算你的总得分。

12~22分：你对自己充满自信，因此很少拘谨，也通常不会感到羞怯，这样一来，你往往能够捕捉到更多施展才华的机会。但是，为了维护自己的尊严，你必须注意分寸。

23~46分：你的羞怯度属于中等。这个中等的羞怯度，常常会给你的工作、社交等带来一些障碍，不过多半会发生转机。如果你能够把这些事情处理好，它反而会成为你惹人喜爱的因素之一。

47~60分：你缺乏自信，因此羞怯心理也很严重。在生活中，你不喜欢公开亮相，无意与他人竞争，遇事犹豫不决，不善于交际；另一方面，你勤于思考，机敏睿智，为人谨慎，凡事多为人着想，不飞长流短，这是你的长处。其实，每个都有其所长，有其所短，你没必要把周围的人看得太高。

☆ 温馨提示 ☆

羞怯多是由缺乏自信引起的，只要试着改变自己的心理，对人对事持一种积极乐观的心态，羞怯可能会有所改变。

6. 你的贪婪指数有多高

都说女人是贪婪的，长得漂亮的还想要一个聪明的头脑，有了幸福的婚姻，还想要轻松的工作，总之，她们似乎没有满足的时候。那么，你是一个贪婪的女人吗？你的贪婪指数有多高？

假设你今天要去参加一个宴会，在宴会上，如果服务生端来一个托盘，托盘里同样的酒杯装着同种果汁，但分量不同，你会选择哪一个杯子？

A. 空杯，但正要倒入果汁

B. 半杯

C. 七分杯

D. 满杯

结果分析

选择A：其实你是在掩饰自己的贪欲，因为你内心正盼望着得到更多的果汁。一般来讲，你对金钱欲望非常强，但却搞不清楚自己到底有多少钱，所以是一个很会赚钱的穷人。

选择B：在生活中，你非常谦让，例如挑选东西，你总是等别人挑过了才去挑。同样，你做事情也很谨慎，对金钱的处理也是同样的谨慎，因此，你是一个对金钱欲望不强的人。

选择C：做任何事情，你都会想着给自己留条后路。你自制的能力很强，不会轻易进行危险的金钱交易，所以，你是一个对金钱欲望强烈但也善于支配的人。

选择D：你的贪婪度简直是太高了，拿这次的果汁来说，你有没有想过没有果汁喝的小朋友。生活中，你也是非常贪婪，你想拥有自己看到的所有东西，对金钱的贪婪度也极为强烈。不知道你感觉到没有，这样的生活是很痛苦的。

☆温馨提示☆

英国的埃米尔·左拉曾经说过："贪婪是奔向悬崖的失控野马，会把你人生的马车带入深渊；贪婪是欲望为自己挖掘的坟墓，将会埋葬你美好的前程。"

7. 你是一个虚荣的女人吗

女性喜欢透过别人的眼睛，对自己展开评价。正因为如此，常常会在"虚荣"中迷失自己，例如，她们到处吹嘘自己的才能；对于"未来"的丈夫，宁可放弃爱情，而以"体面"作为选择的标准；结婚后到处吹嘘老公的地位；生了孩子以后，不管孩子喜不喜欢，都要他们学钢琴……的确，在很多人的眼里，女人天生爱虚荣。你呢，是个虚荣的女人吗？不妨测测看。

1．上公车时掉了十元钱，你还会下车去捡回来吗？

　　A．是的。前进到第5题　　　　**B．否。前进到第2题**

2．你和朋友在外面吃饭，常常剩下很多菜吗？

　　A．是。前进到第3题　　　　**B．否。前进到第7题**

3．买礼物送人时，你通常不挑实用的，而专挑好看的，是吗？

　　A．是。前进到第4题　　　　**B．否。前进到第7题**

4．不管是衣服还是别的东西，你都爱买名牌的，是吗？

　　A．是。前进到第8题　　　　**B．否。前进到第11题**

5．你笑的时候是否习惯张着嘴哈哈大笑？

　　A．是。前进到第6题　　　　**B．否。前进到第7题**

6．朋友如果没有事先告知而突然到访，你会很生气，是吗？

　　A．是。前进到第7题　　　　**B．否。前进到第9题**

7．买不起的东西，为了面子，就是分期付款也要买？

　　A．是。回到第4题　　　　　　　　**B．否。前进到第8题**

8．多次因受不了店员的鼓动而买下东西，回家却后悔不已，是吗？

　　A．是。前进到第11题　　　　　　**B．否。前进到第9题**

9．喜欢算命，但是却不喜欢被熟人看到，是吗？

　　A．是。前进到第11题　　　　　　**B．否。前进到第13题**

10．出门时，身上只带了一千元钱，当有人向你借三千元时，你会说忘记带钱包出来，而不说是钱不够吗？

　　A．是。前进到第15题　　　　　　**B．否。前进到第13题**

11．参加宴会时发现别人穿的都比你阔绰，你感到很丢人，很早就回家了，是吗？

　　A．是。前进到第15题　　　　　　**B．否。回到第10题**

12．第一次见面时，你会很好奇地询问对方的学历和职位吗？

　　A．是。前进到第16题　　　　　　**B．否。前进到第15题**

13．很少出国旅行，所以一旦出国就一定要住五星级宾馆，是吗？

　　A．是。B型　　　　　　　　　　　**B．否。A型**

14．你非常向往舒适的、神仙般的婚姻，是吗？

　　A．是。C型　　　　　　　　　　　**B．否。B型**

15．你很在意别人的对自己的手势和议论吗？

　　A．是。前进到第16题　　　　　　**B．否。回到第14题**

16．买东西的时候，即使是小钱，你都会用大面值钞票让他找钱给你，是吗？

　　A．是。D型　　　　　　　　　　　**B．否。C型**

结果分析

　　A型：虚荣心强度10%。你从来不去关注流行和时尚，而且你觉得那些人一天到晚比来比去是一件很无聊的事情，你认为自己的心情最重要，没有必要去管别人怎么想。你对于自己相当地自信，似乎没什么能打动或干扰你的心情。

B型：虚荣心强度40%。你的虚荣心并不怎么强，但在你的经济条件许可范围内，你偶尔也会花钱去买一些昂贵的东西，而且最大的原因是为了不扫男朋友的兴，想看他看见自己打扮得漂漂亮亮的开心的样子。

C型：虚荣心强度70%。你不仅有着强烈的虚荣心，也有着强烈的自尊心。生活中，你非常在意周围人对你的看法，总是装着一副光鲜亮丽很得意、快乐的样子，而且爱跟别人攀比，结果自己反而觉着很累。建议你放松一下自己，学会保持自己的本色。

D型：虚荣心强度90%。你是一个十足的爱慕虚荣的人，或许你自己并不觉得，但明眼人一眼就可以看出，因为你的谈吐行为无一不清晰地流露出虚荣的气息。而且你常常为了夸耀自己去说一些夸张的、不切实际的话。建议你赶快学着改变自己，否则就无可救药了。

☆温馨提示☆

　　虚荣者，容易轻浮；轻浮者，容易受骗；受骗者，容易受伤；受伤者，容易沉沦。虚荣是个绮丽的梦，在梦中的时候，似乎拥有许多，梦醒了，却一无所有。

8. 你能控制自己的情绪吗

　　据心理专家调查发现，每个人都或多或少有些神经质，会出现情绪不稳定的状态。在不稳定的情绪状态之下，有些人就可能把持不住做出一些过火的事情来。因此，我们不能做情绪的奴隶，而应该想办法做情绪的主人。

　　你能否控制住自己的情绪呢？做下面的问题寻找答案。

1. 你坚信自己有能力克服各种困难吗？

　　A. 不是的　　　　　**B. 不一定**　　　　　**C. 是的**

2. 当你看到一些凶猛的动物，尽管它们都关在笼子里，你也会浑身发抖吗？

　　A. 是的　　　　　**B. 不一定**　　　　　**C. 不是的**

3. 不知道什么原因，是否总有一些人在刻意回避你或者冷淡你？

　　A. 是的　　　　　**B. 不一定**　　　　　**C. 不是的**

4. 在大街上逛的时候，你是否常躲开那些你根本不愿搭理的人？

　　A. 有时候会这样　　**B. 偶然会这样**　　**C. 极少会这样**

5. 有时候你是否会无缘无故地讨厌某些东西，想把它们扔掉？

　　A. 不是的　　　　　**B. 不一定**　　　　　**C. 是的**

6. 在做梦的时候的情绪激动会影响你的睡眠质量吗？

　　A. 经常是这样　　**B. 偶然这样**　　　**C. 从来不会这样**

7. 你虽然很会待人，但有时候难免会产生一种挫败感吗？

　　A. 是的　　　　　**B. 不一定**　　　　　**C. 不是的**

8. 你是否一直坚信自己能够达到期望的目标？

　　A. 不是的　　　　　**B. 不一定**　　　　　**C. 是的**

9. 如果在一个全新的环境中开始一种新的生活，你会怎么样？

　　A. 把生活安排得和以前截然不同

　　B. 不知道会怎么样

　　C. 和以前一样

10. 当到达一个陌生的城市的时候，你是否能够准确无误地判断出方向？

　　A. 不是的　　　　　**B. 不一定**　　　　　**C. 是的**

11．不管天气怎样，是否都很难影响到你的情绪？

    A．不是的　　　　　　**B．不确定**　　　　　　**C．是的**

12．当你正专心致志地看书的时候，如果有人在你身边大吵大闹，你会？

    A．很生气，不能专心地看书

    B．不一定，看心情

    C．仍然能够专心读书

13．你喜欢你所学的专业和你现在所从事的工作吗？

    A．不是的　　　　　　**B．不一定**　　　　　　**C．是的**

结果分析

以上各题，选择A得0分，选择B得1分，选择C得2分。计算你的总得分。

0～8分：你能够很好地控制自己的情绪。你性格成熟，能面对现实。在生活中，你通常都是以沉着冷静地态度对待问题，解决问题。你在各种行动中充满了朝气，很会振奋士气，有强烈的团队精神。尽管有时候不能解决生活中的一些难题，但你能够自我宽慰。

9～19分：你有时会难以控制自己的情绪。你的情绪有变化，但不是很大，能够应付生活中一般的问题。但在一些重大问题面前，你往往会把持不住自己，显得急躁不安。在这个时候，你对自己的情绪就会有些失控。平时注意一些，应该不会出现大的问题。

20～26分：你完全不能控制自己的情绪。你的情绪波动很大，容易受到环境的支配。你容易心神动摇，遇到什么事情通常是急躁不安，还会失眠，不能应付生活中遇到的各种阻挠和挫折。所以，你平时应该注意调节自己的心情，使自己始终保持一个良好的心态，从而稳定自己的情绪。

☆温馨提示☆

情绪是天使与魔鬼的综合化身，控制得好，事业与生活就会锦上添花；反之，事业与生活可能会濒临险境。

9. 你情绪化的指数有多高

心理学家研究发现，对感情敏感、细腻的女人从心理的角度来说是很容易情绪化的。接下来，不妨跟着我们的测试来测一下你潜意识里情绪化的指数到底有多高？

早上醒来，对着镜子一看，你发现自己的脸油油腻腻的而且还起了小痘痘，你会有什么表情？

A. 没有任何表情的呆脸 **B. 生气的大臭脸** **C. 皱眉的苦瓜脸**

结果分析

选择A： 你情绪化的指数40%。一般来讲，只有感情这件事会让你的情绪动不动就起伏不定。像你这种类型的女孩子，做什么事情都很理性，而且很独立，不管遇到什么事情，你都会让自己的情绪在很短时间内平静下来，只是在私生活方面，你有点情绪化而已。

选择B： 你的情绪化指数为60%。其实你属于那种情绪化的女孩子，但是你的情绪化往往只有自己感觉得出，一般来讲，你不会把它表现出来，而是把所有的喜怒哀乐都隐藏在心底，目的是不想让身边的人为自己担心。其实，这种人生活得很压抑，她认为自己天生是让大家依靠的。不过一旦爆发，就可能会出现暴力倾向。

选择C： 你的情绪化指数为99%。你是那种感情非常脆弱也非常敏感的女人，很容易因为外在的人或事让自己的情绪波动不已，然后把情绪写在脸上。其实，像你这样类型的女孩子属于感觉派，往往是跟着感觉走，因此情绪常常会起伏不定，很难自已。

☆温馨提示☆

人们无时无刻不在受着情绪的影响，若能恰当地处理情绪，那么你会享受到更多的快乐；反之，情绪将会成为我们生活与交际的负担。

10. 你经常会为琐事烦恼吗

人生苦短，尤其是女人，总感觉生活中有很多欲罢不能的琐碎小事，这些小事不仅困扰着她们的生活，也困扰着她们的心灵，给她们带来很多不可避免的压力。那么，身为女人，你是否也经常被这些小事困扰，并为此烦恼不已呢？

1．在超市买东西，长长的准备结账的队伍中间，你看到一个人抱着一大堆商品，此时你会？

A. 很生气，心想这个人怎么不知道为别人着想啊

B. 当面指责他，并建议他少买点东西，或者到另一个结账队伍中

C. 努力不让这件事情困扰自己

2．一天早上，你订的牛奶来迟了，此时你会？

A. 非常不高兴，认为自己的作息时间全部被打乱了

B. 打电话给送奶公司，让他们给自己一个说法

C. 不理会这件事，只不过是晚喝一会儿而已

3．电影院里，除了电影中发出的声音之外，一切都是静悄悄的，这时有人在电影院里打起电话来了。你会？

A. 通知电影院的负责人

B. 大声发出嘘声

C. 换一个位子

4．买食物之后，你突然发现自己买错了，此时你会？

A. 回去要求售货员退换

B. 向身边的朋友抱怨自己怎么如此倒霉

C. 将错就错地享受买来的这份食物

5．终于等到了期盼已久的电视剧，但这是突然停电，你会？

A. 随手把遥控器甩掉，以发泄心中的怒气

B. 打电话给供电公司

C. 努力不让这件事情困扰自己

6. 在拥挤的火车车厢里，你突然发现一个人占了两个人的位置，此时你会？

    A. 当面指责他

    B. 在内心希望他能够让出一个位置

    C. 继续向前走，寻找新的位置

7. 当自动售货机"吃"了你的硬币时，你会？

    A. 疯狂地踢打摇晃机器

    B. 看当时自己生气的情况而定

    C. 再换一部机器

8. 你去银行办事，结果发现只开了一个窗口，窗口前排着长长的队伍，此时你会？

    A. 大声抱怨

    B. 唉声叹气，不时看表

    C. 耐心等待，着急也没有办法

9. 你驾车走在拥挤的路上，此时前面的车突然违规右转，你会？

    A. 换车道表达自己的抗议

    B. 大声斥责他以表示自己的愤怒

    C. 猜想那个人或许有自己的苦衷

10. 在饭店里，你发现比你来得晚的人已经吃上食物了，你会？

    A. 失去胃口，离开餐厅

    B. 认为自己被疏忽了，向服务员抱怨

    C. 认为要的食物不同，需要时间长一些

结果分析

以上各题，选择A得3分，选择B得2分，选择C得0分。计算你的总得分。

10分以下：你很少为生活中的琐事烦恼，你认为与其被一些小事困扰，不如自己想办法解决。

11～20分：你偶尔会被一些小事困扰，当然，这全凭你的心情而定，当你心情好的时候，发生任何事情你都不会在意，反之则不然。

21～30分：生活中，你很容易被一些小事烦恼，任何一件看似微不足道的小事都足以让你困惑不已。建议你把心态放平，将事情想开些。

☆温馨提示☆

换个角度，某些小事可能就会变成你生活中的调味品。

11. 你是一个自信的女人吗

自信是我们生活的保证，它会使我们对任何事情都信心百倍，也会令我们觉得天空始终是蓝色的，未来的生活将会有无限美好。那么，我们怎样知道自己是否有足够的自信心呢？来做下面的测试吧？

假设你准备把自己的家重新装饰一下，你会选择用什么物品来装饰粉刷一新的墙壁呢？

A. 画　　　B. 照片　　　C. 年历日历　　　D. 照片

结果分析

选择A：你是一个非常重视生活情调的女人，你认为生活中不能够缺少亲情和友情。你最大自信来源于你认为自己能够好好地安排、处理自己的生活，而且觉得自己生活得很有品位。但是，一旦你的生活遭到人际关系的困扰，就会大受打击。

选择B： 在人际关系中，你认为形象非常重要，因此你会尽力维护自己的自尊，注意自己的穿衣打扮。因此，你最大的自信来自于别人对你的肯定。其实，你是一个比较传统守旧，却又追求时尚流行的女人。

选择C： 虽说身为女人，但是你有很多雄心壮志，深具野心要完成许多工作。生活中，你最大的自信来源于自己的能力得到别人认可。但是，追求成功的过程中，你通常不在意自己的行为举止，而且往往会表现出自己贪婪、势利的一面。

选择D： 做任何事情之前，你都会花很多时间，费很大心思来制订一个相当成熟的计划，工作起来便会游刃有余。因此，你最大的自信来源于你高效的工作效率。另外，你是一个对任何事情都十分认真的女人，即使是参加一般的宴会，也会仔细考究穿着。

☆ 温馨提示 ☆

索菲亚·罗兰曾经说过："一个缺乏自信心的女人永远也不会有吸引别人的美。没有一种力量能比自信更能使女人显得美丽。"

第四章
你的魅力有几分

　　魅力是女性的综合指数，是从女性的身体内部和心底深处自然而然地涌动、喷发、流露出来的一种气韵，是一个人在性格、气质、能力、道德品质等方面吸引人的力量。生活中，你有没有让人惊艳的美丽和超凡的魅力？你知道如何让自己成为人群中最耀眼的焦点吗？那么，走进本章的测试吧，帮你发现一个不一样的自己。

1. 你是哪种魅力女生

　　现实生活中，有的女孩子温柔可人，有的女孩子简单纯朴，有的女孩子则酸酸甜甜……那么，你是哪一种魅力女生呢？一起来测一测吧！

1．漫长的假期过完了，马上就要开学，你最想给自己买点什么礼物呢？

　　A. 新衣服或者一个漂亮的包。前进到第2题

　　B. 一款时尚的电子辞典。前进到第3题

2．如果你准备买新衣服，你觉得自己会挑选那种颜色呢？

　　A. 冷色系，例如黑色或灰色。前进到第5题

　　B. 暖色系，例如粉色或黄色。前进到第6题

3．电脑是学生族离不开的东西，那么你重视电脑桌的哪个方面呢？

　　A. 实用性。前进到第5题

　　B. 舒适度。前进到第4题

4. 每个女孩子都有属于自己的温馨小屋，那你的闺房通常是什么状态呢？

    A. 东西放的有些乱，但自己喜欢。前进到第9题

    B. 整整齐齐，井井有条。前进到第8题

5. 参加朋友的生日聚会时，你会？

    A. 按时到达指定地点。前进到第4题

    B. 总是迟到。前进到第8题

6. 如果吃饭的时候你发现菜里面有一只苍蝇，你会？

    A. 大声尖叫，觉得十分恶心。前进到第9题

    B. 悄悄扔掉，继续吃饭。前进到第7题

7. 你和同宿舍姐妹的关系怎么样？

    A. 自己就像一个小妹妹，什么都要她们照顾。前进到第8题

    B. 很有主见，在她们中间自己是大姐大。前进到第10题

8. 如果你对自己最好的朋友有所不满，你会？

    A. 把话憋在肚子里，不会因为小事伤了大家的和气。前进到第9题

    B. 当面说出来，说过之后就算了。前进到第10题

9. 你希望与男朋友第一次约会的地点在哪里？

    A. KTV或游乐场。前进到第12题

    B. 森林公园或者咖啡厅。前进到第11题

10. 你身边的朋友都是哪种类型的？

    A. 各种类型的朋友都有。A型

    B. 与自己家庭环境、成长经历、性格相似的。 C型

11. 商场正在搞换季大优惠活动，你会做何反应？

    A. 虽然机会难得，但自己没有什么需要买的物品。B型

    B. 乘此机会，一定要好好血拼一下！C型

12. 如果你的好朋友失恋了，你会？

    A. 陪在她身边，指责对方的缺点。D型

    B. 给她时间疗伤，让他保持安静。 B型

结果分析

A型：你是那种简单纯朴的邻家女孩儿。一般而言，你做事低调，安静含蓄，而且自己没有把握的事情绝对不会去做。再者，你往往喜欢把自己的本色隐藏起来，只有相处久了才能够体味到你的纯朴魅力。

B型：你是那种顶级大美女。无论你走到哪里，都能够像钻石一样发出耀眼的光芒。同时，你对自己的人生充满期待和自信，而且人缘极好，周围所有的人都乐于与你相处，但你在交友方面要求苛刻，所以你的知心朋友并不多。

C型：你是那种酸辣可爱的女生。一般而言，你喜欢特立独行，而且思想活跃，对各种流行信息十分关注。在人际交往中，你总是按照自己的想法做人做事，是为自己而活的人，你那率真酷辣的性格是吸引异性的魅力所在。

D型：你是那种温柔可人的女孩子。温婉如水的你充满女性的柔美特质，无论是眉目之间还是举手投足之间，都有一种说不出的温柔感！你不用夸张地去化妆或是可以伪装，一个眼神，一个微笑就足以征服身边的朋友。

☆温馨提示☆

有人说，女人就如同是各种各样的鲜花，正如牡丹有牡丹的高贵，莲花有莲花的纯洁。同样，每个女人也都有自己独特的魅力。

2. 你拥有哪种超级魔力

童话或者希腊故事看多了，你是不是也特别想拥有某种超级魔力。假如现在给你一个机会，你最想拥有哪种超级魔力呢？来测一下吧！

宇宙之神宙斯要在凡间挑选一位可以成为精灵的人，你很幸运，被选中了，他现在要通过一个天体向你传达旨意，你认为最可能是哪一个？

A. 太阳　　　　**B. 月亮**　　　　**C. 水星**　　　　**D. 土星**

结果分析

选择A：你最想拥有太阳神阿波罗的魔力，这种魔力极具权威性和支配力。你是那种个性一目了然的女孩子，浑身上下都散发着一种贵族气质和王者风范。同时具有正义感，坦诚和乐观使你能够成为很好的领袖。同时你为人正直，极具人缘，身边有很多朋友。

选择B：你最想拥有月亮神亚提米斯的魔力，这种魔力具有敏锐的洞察力。你是一个精力旺盛、感觉敏锐的女孩子，喜欢被需要和被保护的感觉。不管做什么事情，你都会投入100%的精力，因而总能够达到目标。

选择C：你最想拥有信息之神汉密斯的魔力，这种魔力能够让你做事情一丝不苟。你是一个具有完美主义的女孩子，做什么事情都喜欢按照自己的主观标准去行动，而且一丝不苟，极具精力，同时非常挑剔，厌烦虚伪和不正当的事。

选择D：你喜欢拥有司时神汉斯的魔力，这种魔力让你意念坚强。在生活中，你意志坚强、耐力过人，是为了完成某项事业而活的人，不论是学术上的追求，个人的承诺，或是其他一些更高的目标，你都有着永不疲倦的精力，脚踏实地 ，不会轻易冒险。

☆ 温馨提示 ☆

呵呵……魔力都只是在故事里面才存在的，但只要你用心努力，可能就会拥有的哦。

3. 你对名牌的免疫力有多强

女孩子一听到奢华，名牌，限量版的字眼，总是会无法拒绝。你呢，怎么来看待这样的物品，对名牌有没有免疫力？我们知道，在源远流长的艺术长河里，许多艺术家为人物留下记录，让后代子孙去欣赏。在你眼中，下列哪一件艺术品是永不褪色的肖像？

A. 达·芬奇的蒙娜丽莎的微笑　　**B. 米开朗琪罗的大卫雕像**

C. 梵·高的自画像　　**D. 维纳斯的诞生**

结果分析

选择A： 因为价格的关系，看到自己喜欢的名牌物品，你总是会观望很久。一般而言，如果你想买什么名牌物品，一定会四处打探，货比三家，认为某件衣服或者物品如果能够提升你的身份，你才决定去买。

选择B： 对于名牌，说不清楚为什么，你总是莫名其妙地抱有一种抗拒的心态。最大原因可能是因为你喜欢独特的东西，不喜欢自己的东西与他人相同。因此，你会撇开名牌，混合各等级的品牌，把自己装扮得与众不同。

选择C： 你对于东西会精挑细选，只要符合自己的品味，你就会成为最忠诚的顾客。你认为买东西就好像是交朋友，一旦认准某一个品牌，就很难改变。因此，就算只是拎着一个普通的纸袋，你的性格也很快就能被辨认出来。

选择D： 你是个经常买名牌的家伙，去你的家里，到处都可以发现各种各样的名牌物品。对于市场上流行的物品，你总是毫不犹豫、迫不及待冲到专柜去买。你盲目地迷恋品牌，认为一分价钱一分货，有些东西贵自然就有贵的道理。

☆ 温馨提示 ☆

其实穿衣打扮最重要的是显示出你的品味和魅力，一些衣服虽好，但是穿你身上或许并不适合。

4. 测一测你的魅力在哪里

每个女孩子都希望自己能够拥有独特的魅力，尤其是吸引异性朋友的魅力。其实每个人都有自己的魅力所在，如果你善于了解自身的长处，吸引异性朋友的青睐并不是一件困难的事情。来做下面的测试吧！帮助你了解你自己。

1. 当你笑的时候，鼻子和嘴唇之间露出皱纹吗？

   A. 出现一根横长的皱纹

   B. 出现短皱纹

   C. 没有产生皱纹

2. 在拥挤的地铁和公共汽车内，碰到被人抓住手等非常讨厌的事情吗？

   A. 经常碰到　　　　**B. 一至二次**　　　　**C. 有**

3. 有过被老师和长辈认为心眼坏而生气的事情吗？

   A. 没有　　　　**B. 仅一两次**　　　　**C. 常有**

4. 有过被初次见面的小伙子约会的事情吗？

   A. 有过两三次　　　　**B. 一次**　　　　**C. 根本没有过**

5. 请用镜子照一下你的牙齿，你的牙齿怎么样？

   A. 牙齿排列不太整齐

   B. 雪白而美丽

   C. 蛀牙或牙齿脏而发黄

6. 与人说话时，你的手部动作如何？

   A. 喜欢打手势

   B. 几乎不用手势

   C. 常用手捂住嘴巴

7. 你的分发类型是？

   A. 没有裂缝　　　　**B. 向一边分开**　　　　**C. 中间分开**

8. 你的"声音"最接近于下列哪一种？

   A. 嗓门大而响亮的声音

   B. 很普通的声音

   C. 高亢尖锐的声音

9. 看到同性朋友的照片时，你心里有何感想？

   A. 这张照片照得不错

   B. 一般，可以凑合

   C. 令人感到讨厌

10. 与人说话时，你眼睛盯住对方何处？

    A. 眼睛　　　　　　**B. 腿部**　　　　　**C. 嘴巴**

11. 你左手指甲现在怎样？

    A. 修剪得短而整齐

    B. 指甲修长而美丽

    C. 指甲长而脏

结果分析

以上各题，选择A得5分，选择B得3分，选择C得1分。计算你的总得分。

21～35分：你不会给人留下坏印象，但你能够给人造成强烈印象的特征也不多。由于只留下不显眼的一般女性形象，冲淡了对你的第一印象。你必须抓住一点特征，充分显露你的风采。

36～49分：你会给人留下活泼可爱，平易近人的形象。一般而言，平易近人是你给人留下的强烈的第一印象。和你见过面的人，都感到你很受大家的欢迎，无论是谁，心里都想与你接近。

50～55分：你会给人个性强，令人难以忘却的形象。你具有一种特殊的魅力，使初次见面的人也会感到像是故友重逢。但是，有时往往让人误解，你可能自己也有所发现，经常会有不是你喜欢的人向你求爱。

☆ 温馨提示 ☆

你给别人留下的印象是什么？要记住，一定要结合自身的长处，显示出你的与众不同哦！

5. 你留给别人的第一印象是什么

　　每个人都很在意自己留给他人的第一印象是什么。的确，第一印象在人际交往中起着很重要的作用，而且它在很大程度上还显示出一个人的魅力指数。想不想知道你给别人的第一印象是什么？赶快进入下面的这个测试吧！

　　如果你现在有以下五个秘密，你最不希望让情人知道你哪一个秘密？

A. 你以前的情史　　　　**B.** 你得了癌症

C. 你是变性人　　　　　**D.** 你有亿万财富　　　　**E.** 你有特殊癖好

结果分析

　　选择A：你给人留下的第一印象——你是这个世界上的新好女人。你自身条件非常优越，而且你人缘极好，朋友们都乐于与你相处。而且，你有完美主义的倾向，你希望自己在别人面前是非常完美，也是无懈可击的。

　　选择B：你给人留下的第一印象——古怪。在别人的印象里，你具有典型的音乐家气质，清冷孤傲，难以捉摸，别人常常搞不懂你到底在想些什么，认为你很难接近。的确，事实是在你跟别人相处的时候，会让别人觉得你很有距离感。

　　选择C：你给人留下的第一印象——花痴、色胚。虽然是女孩子，但是你的言行举止都让人觉得你在放电骚扰他人。当然，这种类型的女孩子自信心特别强，对自己的魅力相当自信，因此会放电吸引人，而且也乐于被别人吸引。

　　选择D：你给人留下的第一印象——严谨古板。你属于那种比较古板的女孩子，是典型的朝九晚五、上下班刷卡的公务人员。你的生活非常严谨，极富规律，一般而言，你不会轻易改变你生活的规律。因此给人的第一印象就是保守。

选择E：你给别人留下的第一印象是——你是路人甲，意思就是在人群中你极不起眼，丝毫没有自己的特色，很难吸引他人的注意。其实，你自己倒挺乐意自己的这种状况，不受拘束，自由自在。

☆ 温馨提示 ☆

人与人之间的交往，有时候凭借的就是一种感觉，特别是在初次接触的时候，你给对方留下的第一印象，可能就已经决定了别人是否与你继续交往下去。

6. 你是哪种美丽"妖精"

你是否觉得那些犹如妖姬般的女子只存在于画面或者想象中？其实不然，因为每一个女孩心中都有极度妖媚妖娆的一面，若是能够得以释放，你也会展示出自己妖媚的一面。来做下面的测试吧，看一下你是哪种美丽"妖精"？

1. 做情人还是做妻子，你认为名分真的很重要吗？

   A. 无所谓。前进到第2题

   B. 是的。前进到第3题

2. 如果和你爱的男人长期保持一种暧昧不明的关系，你会？

   A. 十分不乐意，如果关系不能够明朗化，宁愿离开他。前进到第3题

   B. 无所谓，只要彼此相爱。前进到第4题

3. 当你深爱的男人背叛你之后又回来找你，你会？

   A. 有可能重新接受他。前进到第4题

   B. 绝对不会再理他。前进到第5题

4．你认为自己会用色相勾引男人吗？

    A. 绝对不会。前进到第5题

    B. 不一定。前进到第6题

5．你认为自己是哪种情人呢？

    A. 大众情人。前进到第7题

    B. 只适合某一类型的男人。前进到第6题

6．你深爱的一个男人，但是他却不爱你，想要离你而去，你会？

    A. 为他生孩子，试图留住他。前进到第7题

    B. 发动亲戚朋友，让他们帮忙留住。前进到第8题

    C. 既然不能和他在一起，不如死了算了。前进到第9题

7．如果一个你很讨厌的人向你示爱，你会？

    A. 断然拒绝。前进到第8题

    B. 会与他保持一定的联系。前进到第10题

8．如果有男士奉承你长得漂亮，你会？

    A. 淡然一笑。前进到第9题

    B. 谢谢他的夸奖。前进到第10题

9．你在男人眼中的最可能的印象是哪种类型？

    A. 活泼可爱的邻家女孩。前进到第11题

    B. 端庄秀丽的大家闺秀。前进到第12题

    C. 十分个性的时尚女郎。前进到第13题

10．你是不是更喜欢和异性朋友在一起玩？

    A. 是的。前进到第11题

    B. 不是。前进到第13题

11．你更喜欢向谁倾诉感情的烦恼？

    A. 闺中密友。前进到第14题

    B. 蓝颜知己。前进到第12题

12．在与自己喜欢的男生讲话时，你会？

    A. 非常紧张，甚至会说错话。前进到第13题

    B. 故意挑逗他。前进到第15题

13．如果和男友生气，你会？

    A. 和他吵。前进到第14题

    B. 不和他说话。前进到第16题

14. 你的男朋友做出什么事情你一定会离开他？

  A. 一直不敢公开你们的关系。前进到第15题

  B. 背着你和别的女人有暧昧关系。前进到第16题

15. 你和前男友的关系通常是？

  A. 形同陌路。前进到第17题

  B. 像老朋友一样联系。前进到第19题

16. 你会为了男友而断绝和某些异性朋友的交往吗？

  A. 有可能。前进到第17题

  B. 绝对不会。前进到第18题

17. 一般你会在第一时间告诉你男友什么事情？

  A. 工作上有了小的成就。前进到第18题

  B. 被他人骚扰。前进到第20题

18. 和男朋友第一次约会时，你们会选择什么样的餐厅就餐？

  A. 环境幽雅的西餐厅。前进到第19题

  B. 很普通但很卫生的小餐厅。A型

19. 你一般不会和男朋友讲哪类事情？

  A. 你和异性朋友们的交往情况。前进到第20题

  B. 工作上遇到的麻烦事。B型

20. 如果男友心情十分不好，你知道怎么安慰他吗？

  A. 知道。C型

  B. 往往会安静地陪着他。D型

结果分析

　　A型：你属于白色妖姬。生活中的你美丽无比，就如同是流落人间的仙女，可远观而不可亵玩焉。同时，你是天使和魔鬼的结合体，能够给男人带去无尽的遐想。而且女人在你面前也常常是自愧不如。

　　B型：你属于蓝色妖姬。生活中的你，拥有超尘脱俗的气质，就如同是空谷幽兰，别人或许能够模仿到你的姿态，但学不来你的神韵。同时，你的冷若风霜、冰清玉洁常常将很多男人拒之门外，但依旧会有很多男人百般献媚，只为博得你红颜一笑。

C型：你属于青色妖姬。清水出芙蓉，天然去雕饰，你就像是来自大森林深处的精灵，拥有机灵、俏皮之美，常常会把男人搞得晕头转向。而且，你一刹那间的惊艳，足以征服所有的人。

D型：你属于紫色妖姬。生活中的你，仿佛是来自地狱的使者，不可否认，你是美得让人惊艳的女子，但是你的美总是带有一种邪恶的味道，令人心驰神往，却又害怕接近。而且，你总是刻意与别人保持一定的距离，几乎没有人能够走进你的心。

☆温馨提示☆

发现了吧，其实你也是个美丽的"妖精"，怎么样，是不是对自己刮目相看。

7. 从买衣服测你的成熟度

买衣服几乎是每个女士的爱好，通常来讲。你常常会看重哪些因素来买衣服呢？千万不要忽视这一细节，因为它能够反映出你的成熟度。

那么，买衣服的时候，你常常会以什么作为选择的主要依据呢？

A. 品牌　　　　B. 流行

C. 颜色　　　　D. 款式

E. 价钱

结果分析

选择A：你勉强能够算上是个成熟的女子，但是通过你的某种行动或者语言，在某些方面还会显示出你幼稚的一面，偶尔也就会被贴上"小姑娘"或者"幼稚"的标签，因此你仍然需要不断地努力来达到自己的目标。

选择B：生活中，尽管你努力想要使自己成为一个成熟的人，但常常达不到你想要的目的，原因是你的心理成熟度还处于萌芽阶段。但是如果你能够坚持不懈、持之以恒的话，将来一定会有质的跨越。

选择C：你是一个成熟的女子，浑身上下都散发着迷人的气息。但是有时候你容易被自己的感情左右，做一些非常不理智的事情。建议你在以后的生活中多一些理性，少一点感性。

选择D：你这种类型的女孩子在心智上十分成熟，因此每天都能够精神奕奕，神清气爽。在生活中，你能够充满自信，人缘也比较好，能够博得朋友们的信赖，唯一的不足就是你在与朋友们相处的时候态度太过严肃。

选择E：别人刚接触你的时候，可能会觉得你的举止、行动中都散发着一种成熟的气息。但接触久了就会发现你实际上是个完全没有主张、依赖性极强的女人，而且你很难对自己定位。建议你在生活中要有自己的观念和思想。

☆温馨提示☆

一个女人的成熟，不仅仅表现在她的行动举止和言语交谈上，更重要的是要看她的心理，如果心理成熟，则这个人浑身都会散发着成熟的气息。

8. 婚后，你的魅力是否依旧

有人说没结婚的姑娘是最美丽的，也有人说结了婚的少妇才是最迷人的。你结婚了吗？你感觉到自己的魅力与婚前比怎么样？是大不如前，是魅力依旧，还是更胜往昔呢？

假如你是一个即将结婚的新娘，和爸爸妈妈拍全家福照片。你在看着妈妈的模样，注视着妈妈柔和的侧面时，你心里想的是什么？从以下的三个答案之中，选出一个最接近的答案来。

A. 我一定会像妈妈一样幸福

B. 从来没有注意到，原来妈妈这么漂亮

C. 这一阵子，妈妈好像突然变老了，是我给她添太多麻烦了，真抱歉

结果分析

选择A： 你其实是想回到母亲的怀抱、回到安全感十足的婴幼儿期。换句话说，也就是对于现实社会有相当的不安全感。在心里希望有个人能够支持自己，所以一旦丈夫能够扮演这个角色时，就完全地依赖丈夫，难免会丧失以往学习到的社交能力，急速地变成一个非常普通的"欧巴桑"。

选择B： 你较易转变自己的观点，对自我的意识相当具弹性，分工合作的意识非常强烈，除了能够扮演好妻子的角色，也能够做一个好母亲，因此在感性及感情的表现上，更能够增加内外在的魅力。

选择C： 你拥有极端的性格。一般而言，并不会轻易结婚；但一旦选择了婚姻，即使变成黄脸婆也不在意。建议你在婚后也应该注意保养，这样才能给丈夫带来新鲜感，会让你们的生活更加完美和谐。

☆ 温馨提示 ☆

爱美的女孩子们，千万不要因为结婚就忽视自己所拥有的魅力哦！你应该做的是在婚前原有的基础上，再增添一份成熟。

9. 浪漫与你伴随吗

　　每个女孩子都渴望浪漫，都希望自己的生活充满诗意和幻想，都希望遇到一个罗曼蒂克的恋人，开始一段romantic的爱情。生活中的你，是一个romantic的女孩子吗？浪漫与你时时相随吗？

　　如果你一个人在黑暗中突然发现了两个光点，你会在第一印象把它联想成什么呢？

A. 联想到汽车大灯或街灯

B. 联想到动物目光

C. 联想到太空飞行物

结果分析

　　选择A：你是个标准的罗曼蒂克浪漫主义拥护者。一般来讲，你的行为举止都是在正常人的范围之内，情绪也不会有什么大起大落的变化。但是你在生活中总是能够别出心裁，让自己的生活充满浪漫的情调。

　　选择B：你现在对童话般的美好事物，以及浪漫情事仍抱有一些憧憬。不过可能因为受到固定模式观念的压迫，使得你现在的心情显得有点不安。其实，你的内心是非常浪漫的，只是受拘束、受束缚太多。建议你多为自己考虑一下，不要总是生活在条条框框里面。

　　选择C：你挺爱幻想的，简直是超现实主义者。你有一股非常强烈的欲望想要逃离这个纷乱嘈杂的尘世，可能你希望来自外太空宇宙的UFO能够帮你实现这个愿望。建议你还是现实一点好，因为现实的原因，很多幻想都是难以实现的，而且希望越大，失望越大。

☆ 温馨提示 ☆

　　浪漫是种很特殊的感觉，无需任何点缀，需要自己慢慢体味。只要用心，就会发现生活中的每个角落都充满着浪漫的气息。

10. 你拥有幽默这块无价之宝吗

　　幽默是在善意的微笑下，通过影射、讽喻、双关等手法揭露怪诞和不通情达理之处，它是健康的品质之一，是一种愉悦的情绪表现。幽默是一种含蓄，一种稳重，需要高品位的修养。它像一首耐人寻味的诗，给人带来无限的联想，并留下美好的记忆。对于女人来说，幽默是最好的化妆品，它可以征服忧愁和烦恼，保持青春和年轻，促使心理处于相对的平衡状态。那么，你有幽默这块无价之宝吗？以下各题，请根据自己实际情况回答："是"，"我不知道"或"不是"。

1. 在自己处于尴尬的境地时，你是否会感到局促不安？
2. 你经常看一些喜剧电影吗？
3. 你经常保持笑容满面吗？
4. 逆境面前，你是否会嘲笑它而不是害怕它？
5. 春风得意的时候你是否栽过跟头？
6. 你经常阅读一些关于笑话的书吗？
7. 你是否经常会因为别人的或者自己的恶作剧发笑？
8. 你是否有时候会嘲笑自己？
9. 你是否喜欢在朋友聚会上打扮得别具一格？
10. 你讲黄色小笑话或者经常听到这类笑话吗？
11. 看到喜剧明星能够带给很多笑声和快乐，你是否也想成一名喜剧明星？
12. 现在的女孩子经常有喝醉酒的现象发生，你发生过这种事情吗？
13. 相对于惊悚片或者喜剧电影来说，你是否更喜欢前者？
14. 你是否经常因为看到电影中一些夸张的行为和动作发笑？
15. 如果美术课本上看到一个裸体绘画，你会觉得很好笑吗？
16. 朋友讲了一个大家都觉得不太好笑的笑话，你是否觉得好笑？
17. 你对笑话的反应是不是很快？
18. 面对别人的嘲笑和羞辱，你会微笑着面对吗？
19. 疯玩的时候被雨淋了，你是不是觉得很好笑？
20. 你是否感到马戏团里面的小猴子很搞笑？

21. 你是否动不动就搞一些恶作剧？

22. 你经常大声笑吗？

23. 你能够给别人带去笑声和快乐，对吗？

24. 紧张的工作中，你会开玩笑以调节气氛吗？

25. 看到路上有人踩到西瓜皮滑到了，你会发笑吗？

结果分析

以上各题，回答"是"得2分，回答"我不知道"得1分，回答"不是"得0分。然后统计总分。

17分以下：你似乎是那种十分严肃的人，不会特别注意事物有趣的一面。你可能十分内向，不喜欢大声喧闹取笑的聚会。但是，如果某些事情的确让你感到好笑，你也会情不自禁地笑出声来，这会让周围的人感到困惑，因为他们很少看到你的这一面。建议你遇到严峻的局面时，尽量去看它有趣的一面，这样可以帮助你走出困境。

18～35分：你可能拥有平衡的幽默感，既能够看到事物有趣的一面，同时又能够对人们的不幸给予同情。尽管你会对引你发笑的事物做出直截了当的反应，但是你对这些逗你笑的事物是很有选择的。例如有些人会被粗鲁庸俗的笑话激怒，而其他人则可能会觉得这些笑话很有趣；有些人喜欢香蕉皮式的幽默，而另一些人则从来没有想过去嘲笑别人的不幸。

36～50分：你热衷于追求趣味感，这表明在很大程度上，你的生活处于良好状态。尽管这并不一定说明你对周围发生的所有事情都感到好笑，但是能够逗你发笑，或者你感到很有趣的事情的确很多。但这种机智不能算是一种优点。例如，拿别人的不幸来取乐的行为显然不会被欣赏，而且在某些情况下可能会引起冲突。良好和广泛的幽默感意味着你对生活抱有乐观积极的态度，而且会帮助你赢得很多朋友，因此要懂得适可而止。

☆温馨提示☆

一个具有幽默感的女人，是智慧的，是美丽的，是善解人意的，因为幽默是一种风度，一种人生态度，一种生命的美丽和潇洒……

11. "握"出你的魅力

初与人接触，握手是少不了的一个重要环节，同时握手是人际交往中最普遍的交往礼节。从一个人的握手方式，就可以看出一个人是否具有某种特殊的魅力。不如想象一下，与人握手时，你通常会采取哪种方式

A. 不停地上下摇动

B. 用两只手握住对方

C. 只握手尖部分

D. 用力握住对方的手

结果分析

选择A：

你顾虑心比较重，对于一些需要做出的立场的事情，你有时会感到非常为难。在做人的基本原则方面，你有所欠缺，比如说你不能指出朋友犯的错。但在内心，又会为不能提醒朋友而感到痛苦。

选择B：

热情，不会在背后告状。可是，假若认为是朋友，那么，即使朋友有错，你也常常会当面指出，这也是你为人处世的基本原则。所以，你是一个十分直率的人，但有时候说话太过直率，建议你找一个委婉、含蓄的说话方式。

选择C：

你的这种握手方式有轻视别人的表现。生活中，有些领导人物为了表现自己的地位，不自觉的会这种握手方式。而这种握手方式在一定程度上说明了你对自己周围的人或者事总是不满，十分苛刻与挑剔。

选择D：

你是一个十分喜欢表现自己的女孩子，对自己的一切都充满自信，总是认为自己是最优秀、最出色的。因此，你比较喜欢对别人指手画脚，是一个辩论的好手。同时，你主观意愿非常强烈，喜欢自己做主，有专断倾向。

☆温馨提示☆

一句短短的话语，一个小小的动作，都可以显示出你的素质和修养，因此，在生活中，一定不要忽视每一个细节。

12. 你的肌肤中毒有多深

一个充满魅力的女人，她的肌肤总是细腻的，光滑的，富有弹性的。但可能因为工作或者保养不当的原因，你的肌肤会中毒，变得干燥、没有光泽、老化、松弛？想不想知道自己肌肤中毒多深呢？赶快进入下面的测试吧！以下各题，用"是"和"否"作答。

1. **工作压力特别大，经常加班加点熬夜。**
2. **最近肤色加深了，变成黄褐色，而不是以前的小麦色了。**
3. **早起照镜子时发现刚刚休息过的脸竟然非常干涩。**

4. 好久不见的朋友见到你之后竟然说你憔悴了很多。

5. 你一日三餐没有任何规律，总是凑合了事。

6. 你发现自己脸上的分泌物越来越多。

7. 你发现早已经过青春期的你，脸颊、额头和下巴上竟然出了很多小痘痘。

8. 虽然用了一些祛斑的化妆品，但你发现脸上的斑点颜色加重。

9. 肌肤干燥粗糙，自己都不愿意抚摸。

10. 皮肤抵抗力越来越差，动不动就过敏。

11. 眼角和嘴角有皱纹出现。

12. 尽管早晚都使用眼霜，黑眼圈和眼袋依然是不请自来。

13. 尽管用价格不菲的化妆品，但皮肤的保湿性仍越来越差。

结果分析

　　数数以上题目你回答"是"的个数，个数越多，就说明这些症状在你身上出现的越多，也就代表你的皮肤里积累的毒素越多，中毒越深，排毒工作就越紧迫。建议你平时生活中正确使用化妆品，或者在美容咨询师的指导下改善自己的皮肤状况。

☆温馨提示☆

皮肤是女人魅力最外在的展示，我们应该给它更多一点的关注。

13. 你也宁愿为美"挨刀"吗

"爱美之心，人皆有之"，随着现代医学技术的发展，整形已经被越来越多的人认可。尤其是很多天生爱美的女孩子，宁愿忍受"挨刀之苦"也不愿意放弃美丽的机会。那么，如果要整形，你会选择身体的哪一部位？

A. 鼻子　　　　**B. 臀部**　　　　**C. 眼睛**　　　　**D. 胸部**

结果分析

选择A：你属于警觉性薄弱的女孩子。生活中，你常常分辨不出别人对你是真诚还是欺骗。你对自己很有信心，认为自己的魅力较大，但因为爱慕虚荣，最后吃亏的常常是自己。因为对现实生活不满意，你很想去追求更理想的生活方式。

选择B：你属于警觉性适中的女孩子。一般而言，对于一些未曾交往过的人，你会提高自己的警觉性，但对于自己比较熟识的朋友则充满信任，但这种信任，有时候恰恰会给你带来伤害。

选择C：你属于警觉性较强的女孩子。在处理问题的过程中，你非常冷静，自主观念也比较强烈，一般不会轻易相信他人的话，即使面对诱惑也能够保持清醒。不过，一旦防卫被攻破，你就很难坚持以往的原则。

选择D：你属于警觉性强烈的女孩子。一般来讲，对周围发生的事情，你会特别注意。你思维敏捷，想法单纯，看起来你比实际年龄要小，因此，在一些团体活动中，你你通常会受到较多妥善的照顾。

☆温馨提示☆

"害人之心不可有，防人之心不可无"，但如果对身边的人和事都抱有一种十分警觉的态度，生活未免太累。

女性资本篇——
挖掘女人最深刻的潜质

　　成功，是所有人都在追求的目标，但是要成功就必须有资本。相比而言，很多人都认为男人有勇气，有胆识，有魄力，有拿得起放得下的豁达和洒脱；但女人就缺少这些资本。其实不然，女人也有属于女人的特质，女人也一样拥有成功的资本，诸如高情商、高职商、高财商，这些都是她们获得成功的资本，只是没有发现而已。那么，现在不妨试着做一下本篇的测试吧！或许会有意想不到的收获。

第一章
测一下你的EQ有多高

传统观点认为，决定人生成败的关键因素是智商，但是现代社会无数成功的事实表明，决定人生命运的80％的因素来自情商，情商才是一个与你的未来成就及幸福密切相关的因素。它是开启心智的钥匙，是获得成功的力量源泉。生活中的你，是一个高情商的女人吗？下面的这个测试，或许会给你一个明确的答案。

1. 灾难面前，你怎么应对

人生当中，难免会遇到一些天灾人祸，在这些灾难面前，你是怎么做的呢？是积极应对，还是幻想回避？从根本上说，你的情绪表达方式和行为特点就决定了你在灾难面前会怎么做？不妨借助下面这些测试题，来了解一下你的灾难应对方式及其优缺点。

1. 你怎么看待5.12汶川大地震？

　　A. 简直不敢相信会有这么悲惨的事情发生

　　B. 经常会参与讨论，以表达自己的悲痛和哀思

　　C. 想办法尽自己的一点绵薄之力

2. 你认为地震中的幸存者，应该怎么做？

　　A. 想办法释放自己受惊吓的情绪

　　B. 先找个安静的地方梳理一下自己的情绪

　　C. 尽自己所能去帮助其他需要救助的人

3．你怎么看待自己的人生？

　　A. 上帝掌控着我们的生活

　　B. 人生就是一段旅程，一种体验

　　C. 命运把握在自己手里

4．刚起床，你就和丈夫大吵一架，接下来你会？

　　A. 通过忙碌的工作来忘掉或排遣这种不快

　　B. 找个人诉说一下自己的不快

　　C. 与丈夫积极沟通，弄清楚他发脾气的原因

5．当朋友受到老板不公正的待遇时，你会？

　　A. 认为朋友的老板很差劲

　　B. 劝导朋友换个角度看问题

　　C. 帮助朋友分析产生问题的原因

6．假如，一个年仅6岁的孩子父母不幸双双去世，你会告诉他真相吗？

　　A. 直接告诉孩子他的父母已经去世了

　　B. 告诉孩子说他的父母去了一个遥远的地方，很久才会回来

　　C. 安排好孩子的生活后，看孩子的情绪而定

7．当你的事业正缺少资金时，合作伙伴又突然撤资，你会怎么办？

　　A. 觉得自己很失败

　　B. 相信合作伙伴不会扔下不管

　　C. 尽快寻找新的资金渠道

8．就处理事情的方式而言，你最喜欢《红楼梦》中哪位女性？

　　A. 林黛玉　　　　　　**B. 王熙凤**　　　　　　**C. 薛宝钗**

9．刚到一个新的环境，你会？

　　A. 感到孤单和寂寞

　　B. 与老朋友保持联系，让自己慢慢适应

　　C. 积极融入新同事的圈子

10．每当听到身边人去世的消息时，你会？

　　A. 情绪压抑好几天，觉得生命无常

　　B. 登门拜访，寄托哀思

　　C. 用自己的方式为离去的人哀悼

11. 假如你和丈夫离婚了，会怎么做？
    A. 尽量不让他人知道这一事实
    B. 希望能够得到家人和朋友的安慰
    C. 积极寻找新的伴侣

12. 困难面前，你会？
    A. 希望能够拥有解决困难的超人本领
    B. 相信没有克服不了的困难
    C. 保持冷静，观察事情进展

13. 与人发生冲突，你认为可能的原因是什么？
    A. 自己运气不好
    B. 对方脾气古怪
    C. 双方处理方式欠妥

14. 当痛苦不期而遇，你可能会？
    A. 默默承受
    B. 找人倾诉
    C. 化悲痛为力量

结果分析

以上各题，选择A得1分，选择B得2分，选择C得3分。计算你的总得分。

14～18分：遇到灾难，你不是积极地去想对策进行解决，而是想办法进行回避。回避灾难可能会在短时间内让自己得到保护，但并不是解决问题的根本办法，而且还可能会影响自己接下来一系列正常生活。因此，建议你在短暂的回避之后，能够尽快想办法解决问题，否则你真的称得上是一个"懦妇"。

19～30分：遭遇灾难，你不会选择逃避，但也不会想办法去应对，而是将重心放在减轻情感痛苦上面，因此你对灾难带来的负面情绪十分敏感。不可否认，对情绪的关注与调节，是一种比较高明的应对重大灾难性事件的方式，但如果遇到一些自己能够左右的灾难，可能就会耽误改变结果的契机。建议你先解决问题，再进行心理疗伤。

31~42分：遭遇灾难，你是典型的问题解决型。在遭遇灾难的第一时间内，你就试图制订详细周全的计划，并尽可能直接地解决问题。生活中，你是积极乐观的女人，不会轻易向灾难低头。但是因为过分积极乐观，你却总是忽略自己内心深处的负性情绪。建议你在解决问题的同时也关注一下自己的心理。

☆温馨提示☆

人的一生，会遭遇无数个大大小小的磨难，灾难面前，应该开阔自己的心胸，调整自己的心态，相信一切灾难都不会将我们击垮。

2. 你的情商有多少分

情商指的是个人对自己情绪的把握和控制，对他人情绪的揣摩和驾驭，以及对人生、对生活的乐观程度和面对困难与挫折时的承受能力。它决定了每个人对事物或他人的看法和行为的感觉基调，在生活中起着十分重要的作用，同时也决定着我们的幸福感和成就感。你想了解自己的情商指数有多高吗？赶快进入下面的测试吧！

1. 和丈夫发生摩擦以后，你能否可以因照顾他的面子而在别人面前掩藏你真正的心情？

    A. 是　　　　　　**B. 否**

2. 当你的工作经常受挫，你是否认为这是对你未来的警告？

    A. 是　　　　　　**B. 否**

3. 你能否在你好朋友张口说话之前觉察出她的心情状态？

    A. 是   **B. 否**

4. 当你被事情困扰时，你会在晚上失眠吗？

    A. 是   **B. 否**

5. 你认为我们应该努力，不应该轻言放弃吗？

    A. 是   **B. 否**

6. 当朋友和你分享好消息时，你容易被浪漫的电影吸引吗？

    A. 是   **B. 否**

7. 当你认为你所处的环境不如意时，你会考虑寻求改变吗？

    A. 是   **B. 否**

8. 你平时很在意他人对你的看法和意见吗？

    A. 是   **B. 否**

9. 自己时常因为能让别人快乐而高兴吗？

    A. 是   **B. 否**

10. 不喜欢砍价，尽管自己知道那样做会省下不少钱吗？

    A. 是   **B. 否**

11. 你认为直接坦言可以让事情更简单吗？

    A. 是   **B. 否**

12. 你的话题经常引起大家的争论，但又不愿意和大家正面争吵吗？

    A. 是   **B. 否**

13. 在平时的生活和工作中做出的决定，又经常怀疑它的正确性吗？

    A. 是   **B. 否**

14. 你比较喜欢变动较大的工作环境吗？

    A. 是   **B. 否**

15. 对于周末大家去哪里玩，你总能提出不错的建议吗？

    A. 是   **B. 否**

16. 如果上帝给你改变自己面容和个性的机会，你是否愿意接受？

    A. 是   **B. 否**

17. 无论你怎么努力，领导对你的工作成绩是否总是不满意？

    A. 是   **B. 否**

18. 你认为你的爱人或者说恋人对你的期望高吗？
   A. 是　　　　　　　B. 否

19. 你认可适当的压力是动力的说法吗？
   A. 是　　　　　　　B. 否

20. 你会把自己的隐私和朋友分享吗？
   A. 是　　　　　　　B. 否

结果分析

以上各题，回答"是"得12分；回答"否"得0分。计算你的总得分。

0～80分：为人处世，你总是以自我为中心，很少去为别人考虑。不过你很聪明，一些观念和想法都很有创意，因此能够在短期内取得一定成就；但因为不会处事，周围的人会渐渐离你越来越远。此外，你做事冲动，喜欢乱发脾气。建议你在为人处事的过程中学会控制自己的情绪，多站在他人的角度来想问题。

81～160分：你是个现实主义者，只要达到感观上的满足你就会觉得满足，你就会忽略心灵层次的需要，更不屑于做情感方面的沟通。生活中，物质利益对你来说永远是最重要的，而且你永远不会得到满足。建议你在追求物质利益的同时，也能够考虑一下情感的需要，这样才能为自身创造新的优势。

161～240分：你是一个十分自信的女人，因此一般的生活变故和情感挫折很难影响到你。生活中，你很清楚自己的目标所在，再加上你处事冷静的个性，因此你总能够很好地把握自己的人生方向。同时，在控制情绪方面，你是出类拔萃的，也能够与他人很好地相处，但有时候过于依赖社交技巧。

☆温馨提示☆

女人的一生当中，情商起着很重要的作用。因为一个高情商的女人，会让生活变得更精致，让自己变得更优雅。

3. 你有足够的意志力吗

"有志者事竟成"是我们常挂在口边的一句话，"志"，意志也。苏东坡曾云：古之成大事者，不惟有超世之才，亦有坚忍不拔之志。坚强的意志是一个人成功的必要心理素质，只有坚持不懈持之以恒，才能圆满地实现自己的人生目标。虽然身为女人，你也一定有对成功的渴望，那么不妨来看一下自己的意志力对成功能帮多大忙。

1. 在同事家里，桌上放有一盒你爱吃的糖，但你的同事却无意让你吃，当她离开房间时，你会：

　　A．立即拿一块尝，再抓一把放进口袋

　　B．一块接一块地吃起来

　　C．告诉自己，我马上就有一顿丰盛的晚餐

　　D．静坐着，拒绝它的诱惑

2. 你发现你的朋友没有将日记锁好就离开了房间，你一直很想知道她对你的看法以及她和她男朋友的情况，你会：

　　A．从头到尾，仔细翻看，并记下其中细节

　　B．急不可待地看，然后责问她为何说你好管闲事

　　C．匆匆忙忙看几张，直到不好意思才停下来

　　D．马上离开房间去找她，不让自己有偷看的机会

3. 你从自己朋友的日记里发现了许多秘密，很想和他人分享，你会：

　　A．请催眠专家使你忘记这些秘密

　　B．马上告诉其他朋友

　　C．不打算告诉其他人，但会让当事人知道你发现了她的秘密

　　D．什么也不做，帮她守住秘密，继续做好朋友

4. 你正存钱准备年底旅行，可看到一件自己心仪已久的衣服，你会：

　　A．自己准备衣料，亲手做一件一样的衣服

　　B．每次路过那家商店都会匆匆走过

　　C．先买下来再说，向父母借钱去旅行

　　D．放弃它，没有什么可以阻碍你的旅行计划

5．你对新年所许下的诺言持怎样的态度？

    A. 懒得去想

    B. 到适当的时间就违背它

    C. 只能记住几天

    D. 维持两三年

6．你深信自己爱上了他，但你只是他无聊时的玩具。一个狂风暴雨的晚上，他要求和你见面，你会：

    A. 毫不犹豫地去见他，哪怕受凉感冒了也值得

    B. 马上冒雨去见他，纵然数小时也值得

    C. 挂断电话。尽管你不情愿，但是你需要一个更关心你的人

    D. 先要他答应以后要好好待你才答应去，他照例高兴答应

7．你要在一个月内完成一项重要任务，你会：

    A. 每次想动手时都会有其他事分神，不断告诉自己还有一个月时间

    B. 限期前30分钟才开始进行

    C. 在接到任务后很快开始进行，以便有充足的时间

    D. 立即进行，并确定在限期前两天进行完毕

8．医师建议你多做运动，你会：

    A. 每天跑步去买雪糕，然后打车回家

    B. 最初几天依照医生批示去做，待医生检查后就放弃

    C. 只在一两天照做

    D. 拼命运动，直至支持不住

9．假如你能在早上6点起床温习功课，晚上你便有更多的时间，令你做事更有效果，你会：

    A. 算了吧，睡觉比温习更重要

    B. 虽然每天早晨6点闹钟准时叫醒你，但你仍然在床上直至8点才起床

    C. 约在5点半，为了能够准时在6点起来

    D. 约在5点半起床，然后用淋热水浴使自己清醒

10．好朋友想和你一起通宵看电影，可是你明天要早起做兼职，你会：

    A. 看通宵，不去做兼职了

    B. 视情绪而定，要是太累了就陪朋友

    C. 看到晚上9点半回家睡觉

    D. 拒绝朋友，好好地睡觉

结果分析

以上各题，选择A得0分，选择B得1分，选择C得2分，选择D得3分。计算你的总得分。

25～30分：你有惊人的意志力，无论何时何地，遇到什么样的情况，你都不会改变你的主意；可是有时太执著也并非好事，要尝试改变一下，这样生活会更美好。

18～24分：你是一个会权衡利弊、轻重缓急的人，懂得什么时候放松，什么时候坚持。你坚守自己的本分，但有时玩心也会改变你的决心。建议你一定要制订一个适合自己的意志培训计划。

18分以下：你十分想坚持你的计划，但是很少可以坚持不懈，这并非说你的意志力差，而是你的兴趣不在这里，对于可以让你有满足感的工作，你会十分坚定地坚持下去的。

☆ **温馨提示** ☆

有志者事竟成，破釜沉舟，百二秦关终属楚；苦心人天不负，卧薪尝胆，三千越甲可吞吴。

4. 你和乐观是否有缘

英国诗人雪莱曾经说过：冬天来了，春天还会远吗?这是一种乐观的人生心态。乐观是一种态度，是一种精神，是一种品格，是一种境界，它可以让你抛弃许多烦恼，可以给你带来许多意想不到的精神愉悦……那么，你想不想知道自己与乐观是否有缘呢? 进入下面的测试吧! 以下问题，请用"是"或者"不是"作答。

1. 对于将来的计划，你一直很关心吗?

2. 你认为大多数人诚实吗?

3. 旅行时，你将房门钥匙交给朋友或邻居代管，贵重的物品会事先锁好吗?

4. 出行时，你有过没有预约酒店就出去的经历吗?

5. 你会将你收入的大部分来买保险吗?

6. 你曾梦想过中彩票或继承大笔财富吗?

7. 你和别人打过赌吗?

8. 出门时，你会常常带伞吗?

9. 假如半夜三更你听到有人叫门，你会认为肯定有什么事情发生了吗?

10. 你会经常随身携带安全别针，以防衣服或别的东西裂开吗?

11. 当朋友给你借钱时，而且他保证一定还，你会答应吗?

12. 在大多数情况下，你会相信别人吗?

13. 假如有个重要的会议，你会提早出发，以防止意外情况耽误时间吗?

14. 大家原计划出去玩，如果下雨，你还会按原计划准备吗?

15. 早晨起床时，你会认为美好的一天开始了吗?

16. 收到意外的礼物，你会很高兴吗?

17. 如果医生建议你做次全面检查，你会认为自己可能有病吗?

18. 你对未来一年都充满希望吗?

19. 上飞机前，你会为自己买旅行保险吗?

20. 你会很随意地花钱，等花完后发愁吗?

结果分析

以上各题，回答"是"得1分，回答"不是"得0分。计算你的总得分。

15分以上：你的乐观指数很高，可以说是一个标准的乐观主义者。在你的眼睛里天空总是美丽的，你总是能够看到人生好的那一面，失望和困难统统被你甩在旁边。不过，要记住，过分的乐观，有时也会造成你掉以轻心，最后反而会误事。

8～14分：你可以正常地对待生活，平静的看待人生。但你仍需更进一步，如果你能学会以怎样乐观和积极的心态来面对生活中的挫折和困难，你将会取得成功，而且会享受到生活中意想不到的乐趣。

7分以下：你是一个标准的悲观主义者，你看到的天空总是阴暗的，生活中有数不尽的烦恼，事业上困难重重，你看到的总是人生中不利的那一面。但这也有好处，由于你从来不往好处想，所以你很少失望。

☆ 温馨提示 ☆

乐观的女人，她拥有的东西不一定很多，但正是拥有"乐观"这份富可敌国的财富，她们瞬间变得光彩耀人，变得淡雅高贵，成为最耀眼的焦点。

5. 你能顺利走出人生低谷吗

人生的道路，并不是一马平川，而是坎坎坷坷，险峰与低谷并存。那么，当人生遭遇低谷的时候，你是一蹶不振，幻想逃避？还是积极面对，走出困境呢？不妨来测试一下，你是否能够顺利走出人生的低谷。

秋风瑟瑟的午后，一对情侣在铺满落叶的小路上散步，突然，女孩子却哭了起来。接下来会发生怎样的故事呢？请在下面的几个场景中，请选出与你想象最接近的一个。

A. 女孩哭着对男孩子说："我走了，以后照顾好自己。"然后踩着落叶跑着走开了

B. 女孩子流着泪哽咽着说："那好，再见！"然后慢慢地离去

C. 女孩什么话也没有说，等到眼泪流完了，情绪平静下来，才悠悠地说："再见！"随后头也不回地、坚定地离去

结果分析

选择A： 选择这个答案的女孩子一般都会很善解人意。如果她们遭遇到人生的低谷，往往会有感而发，培养自己巨大的包容力。因此对她们来说，遭遇人生的低谷反而会让她们更加成熟。因此，人生低谷反而给她们提供了成长的契机。

选择B： 选择这个答案的女孩子不管是在哪些方面都争强好胜，不愿服输。一般而言，当人生遭遇困境时，她们会努力争取自己应得的利益，而且会及时充电、多结交朋友，这些都为她将来的发展奠定了基础。

选择C： 选择这个答案的女孩子一般都很坚强。当人生陷入低潮的时候，她们会耐心等待一切恢复正常，或者是研究更好的对策。她们知道，与其勉强挣脱困境，倒不如等自己心情慢慢变好。而且她们相信逆境中得到的启示会受益终生。

☆ 温馨提示 ☆

　　如何顺利走出人生的低谷，这不仅仅需要努力，更需要经验和智慧。而且，人生不会事事如意，与其逃避不如面对。

6. 面对灾难，你的心理承受力有多强

　　5.12汶川地震给我们心中留下了永远的痛，但是，看着一个个坚强的生命，我们不尽为之感动，并且从很多幸存者身上感受到其心理承受力之强。的确，一个人的心理承受能力在一定程度上决定一个人的命运，甚至生死。那么，想不想知道在灾难面前，你能承受多久呢？下面的这个测试，或许会提供给你答案。

　　1. 你是否有通过投硬币帮助自己做选择的经历？

　　　　A. 是。前进到第2题　　　　　　　**B. 否。前进到第5题**

　　2. 你是不是觉得和性情不和的人在一起工作是一种折磨？

　　　　A. 是。前进到第4题　　　　　　　**B. 否。前进到第7题**

　　3. 你是否因为失眠服用安眠药？

　　　　A. 是。前进到第12题　　　　　　**B. 否。前进到第6题**

　　4. 看到有人说话办事矫揉造作，你是不是浑身不舒服？

　　　　A. 是。前进到第11题　　　　　　**B. 否。前进到第8题**

　　5. 遇到悲伤的事情时，你总是？

　　　　A. 放声痛哭。前进到第6题　　　　**B. 控制情绪。前进到第7题**

　　6. 你一般会选哪种颜色的窗帘？

　　　　A. 柔和的暖色帘子。前进到第9题　　**B. 明亮的原色帘子。前进到第10题**

　　7. 在陌生人面前，你总是？

　　　　A. 无所适从。前进到第10题　　　　**B. 大方自然。前进到第11题**

8．如果一群人聚餐，你觉得谁应该讲话最多呢？

    A．男人。前进到第5题   **B．女人。前进到第3题**

9．你是否经常真心赞美周围朋友的服饰和打扮？

    A．是。前进到第15题   **B．否。前进到第12题**

10．进入别人使用过的厕所，你一定要再次冲水才使用吗？

    A．是。前进到第13题   **B．否。后退到第9题**

11．你是否不能忍受房间的杂乱无章？

    A．是。后退到第9题   **B．否。前进到第13题**

12．你是否认为颜色鲜艳的饮料成分有问题？

    A．是。前进到第16题   **B．否。前进到第14题**

13．如果你是白雪公主，你会选择七个小矮人中的一个当男朋友吗？

    A．不会，他们太矮了。前进到第15题

    B．如果性情相投也可以。C型

14．假如你喜欢收集明信片，你会：

    A．选几张中意的裱起来。回到第13题

    B．用大板贴满明信片。D型

15．提起蜡烛，你总是想到：

    A．温暖、光明。前进到第16题   **B．悲伤、哀悼。A型**

16．如果被朋友误会了，你会？

    A．认为事情早晚会明朗，没必要解释。C型

    B．觉得还是解释清楚比较好。B型

结果分析

    A型：你的坚强度为★。你是一个喜欢压抑自己内心的女人，常常是一个人承受痛苦。这种行为习惯和思维习惯给你的生活造成了非常不良的影响，建议你想办法排遣自己内心的苦闷，这样会让你整个人都变得比较轻松。

    B型：你的坚强度为★★☆。你是一个在困难和挫折面前很容易跌倒的女人，最大的原因是因为你缺乏自信和毅力。建议你为自己制定一个良好的目标，通过实践锻炼逐步培养自己坚定的信念和毅力。

C型：你的坚强度为★★★☆。你的心理坚强度比一般人要好，因此也常常能够承受灾难。不过你的危机意识比较差，在突发事件面前常常是不知所措。建议你学会未雨绸缪，多做一些事前准备，这样方能应付不时之需。

D型：你的坚强度为★★★★☆。你自我调节能力良好，能够调节和应对压力，而且理智感和逻辑思维非常周密。对待突发事件，你能够有条不紊地选择最佳解决途径。建议你在紧张的同时也学会放松，因为生活不应该是只有忙碌。

☆ 温馨提示 ☆

心灵不垮，在灾难面前就不会感觉可怕。如果心灵的支柱倒了，更大的灾难也就来临了。

7. 你能否处乱不惊

有的时候，会发生意想不到的事情，那么，面对突如其来的事情，你能否做到处乱不惊、应付自如呢？

星期天的午后，运动了两个小时的你饥渴难耐。打开冰箱拿出一瓶饮料不管三七二十一就喝了两大口，然后才注意到有效日期在两个月之前，这时你会？

A. 赶快把它丢掉，以防家人喝掉　　**B.** 想办法把刚才喝掉的吐出来

C. 照喝不误　　　　　　　　　　**D.** 马上去看医生

结果分析

选择A： 生活中的你思维敏捷，反应迅速，即使有突如其来的危险发生，也能够应付自如，而且能够顾及到别人。

选择B： 一般而言，你对任何事情都能够应付自如，但是面对突如其来的危险，你的想法过于单纯，而且行为过于幼稚，因此成功率不高。建议你想办法提高自身素质。

选择C： 你是一个粗中有细的女孩子，你知道很多食品，尤其是饮料是可以长期保存的。总的来说，灾难面前你总能够保持冷静的态度，也能够理性地应对，因此不容易受到伤害。

选择D： 你是那种有点神经质的女生，发生一点小事就会大惊小怪，更难以承受生活中的巨大压力。而且，当危险来临的时候，你常常会出现防卫过当、杞人忧天的状况。

☆温馨提示☆

一些危险常常是不期而遇的，最重要的是在危险面前一定要保持一个平和的心态，多一点机智和理性，便能够应付自如。

8. 你有危机意识吗

古人云：人无远虑，必有近忧。指的就是生活中，人应该有一种危机意识。我们知道，未来是不可预测的，人也不是天天都能走好运的。所以我们在心理上及实际行为上有所准备，好应付突如其来的变化。那么，你有危机意识吗？下面的测试可以帮助你了解自己。

假如一头牛正从牛舍里出来吃草，请你凭直觉判断，它将走至下面哪一处觅食？

A. 山脚下　　B. 大树下　　C. 河流旁　　D. 栅栏农舍旁

结果分析

选择A：你的危机意识很强，甚至有点杞人忧天。也许原来很容易的事，但被你天天惦念着，久而久之也就变成困难了。放开心胸，放心去做一些事情吧，要知道天塌下来还有高个子顶着呢！

选择B：你是属于那种高唱"快乐得不得了"的人，一天到晚无忧无虑，你认为"船到桥头自然直"，没什么好怕的。因此，生活中很少会有让你感觉烦恼的事情。遗憾的是，你有时候过于乐观，以致在危机面前措手不及。

选择C：你是个马马虎虎，大大咧咧的女孩子，成天迷迷糊糊的，记性又不好，总是要别人提醒你才会有危机意识，但是过后，又完全不记得危机意识是什么东西了。

选择D：你具有危机意识，甚至在你周围的人也被你强迫一起具有危机意识。但很多时候反而没有未雨绸缪。

☆ 温馨提示 ☆

在危机来临之前做一些准备，以防患于未然，这样才不至于被危机搞得措手不及。

9. 你能识别自己的情感状态吗

可能有些人觉得这个测试有些不可思议，因为他们认为，自己的情感难道自己还不清楚？事实是有很多人真的不清楚自己的情感归属。

那么，你能识别自己的情感状态吗？以下各题，请按照你的实际情况回答。每题均有5个答案：A．这总是真实地表达；B．这常常真实地表达；C．这有时真实地表达；D．这很少真实地表达；E．这完全没有真实地表达。请在5个答案中选出最适合你的一个，填在前面的括号中。

（　）1. 我发现难以用语言表达自己的感受。

（　）2. 我对自己所做出的情感反应表示惊讶。

（　）3. 我与我的感受相连。

（　）4. 我很少注意我的内心世界。

（　）5. 其他人能比我更早地注意到我的情绪变化。

（　）6. 我能说出我什么时候能够感到灰心和愤怒。

（　）7. 在有的情绪状态下，我注意到自己身体的变化。

（　）8. 我非常清楚地知道自己的情绪变化。

（　）9. 我不能向他人正确地描述我的情感状态。

（　）10. 我确切地知道我的感受。

结果分析

以上各题，选择A得5分；选择B得4分；选择C得3分；选择D得2分；选择E得1分。然后将3、6、7、8、10题的得分相加，再减去1、2、4、5、9题的得分，就是你的总得分。你的最后得分应该在-20和20分之间。

15分及15分以上是优秀，说明你很清楚自己的情感状态。

10～14分为良好，你对自己的情感状态能够识别得出。

1～9分为一般，你偶尔能够识别出自己的情感状态。

0分及以下：你常常搞不清楚自己的情感状态，因此有待提高。

☆ 温馨提示 ☆

　　只有清楚自己的情感归属，才会知道自己在做些什么，该做些什么。

10. 测测你的自主性

　　自主性是指人在活动当中的独立性和主动性，它表现为个体自由地、独立地支配自己言行的一种状态。是否具有自立性是衡量一个人个性心理特征的一个重要标尺，自主性强的人自己做出判断，独立完成自己的工作；而依赖性强的人则处处附和众议，甚至为了取得别人的好感放弃个人的主见。下面一组测试，可帮助你了解你的内心。

　　1.马上要放暑假了，你会怎么过？

　　　　A. 快快乐乐地度过　　　**B. 随意过**　　　**C. 假期对我来说，不过也罢**

　　2. 在休假期间，你愿意？

　　　　A. 自己单独安排　　　**B.不确定**　　　**C.和别人一起策划活动**

　　3. 在接受困难的任务时，你总是能够？

　　　　A. 有独立完成的信心

　　　　B. 不确定

　　　　C. 希望在别人的帮助和指导下进行

　　4. 你希望利用休假把自己的房间设计成：

　　　　A. 能进行活动和娱乐的个人世界

　　　　B. 能与同学之间交往活动的空间

　　　　C. 介于两者之间

　　5. 你解决问题，多采用什么方式：

　　　　A. 个人独立思考　　　**B. 和别人展开讨论**　　　**C. 两者之间**

6. 你希望在假期中和异性朋友交往吗？

    A．多一些无妨   **B．还是不要吧**   **C．两者之间**

7. 在假期的社团活动中，你是否愿意成为一个活跃分子？

    A．是   **B．否**   **C．两者之间**

8. 当人们指责你脾气比较古怪时，你会？

    A．非常气恼   **B．无所谓**   **C．有些生气**

9. 到一个不熟悉的城市找地址，你一般会？

    A．自己看市区地图

    B．向人问路

    C．两者之间

10. 这个暑假，你是否喜欢独立筹划而不愿受人干涉？

    A．是   **B．否**   **C．两者之间**

11. 你希望假期中学习方式是？

    A．阅读书刊   **B．上辅导班**   **C．两者之间**

12. 你觉得在假期中学习的比例应该占？

    A．50%   **B．30%**   **C．最好不要学习**

13. 在假期着装方面，你想选择什么样的风格？

    A．干净、整洁、舒服   **B．随便，无所谓**   **C．找机会好好打扮**

14. 如果你独自一人出游，会感到？

    A．不害怕，能随机应变

    B．想办法让自己安全一点，一般不与陌生人说话

    C．非常害怕

15. 如果你碰上一位初次见面便觉得与其志趣相投的人，你会？

    A．毫无保留地敞开心扉

    B．真诚相待，但有一定尺度

    C．先与其周旋，待最终确定能成为真正的朋友时再倾心交谈也不迟

16. 这个暑假，你会不会给自己订个计划？

    A．一定会订

    B．觉得没有必要

    C．可能会订

结果分析

以上各题选A得3分，选B得2分，选C得1分。计算你的总得分。

20分以下：你通常希望与别人一起工作，而不愿独自做事。你常常放弃个人主见，以取得别人的好感。你应该多培养一下自己的自主性。

21～39分：你能够在一般性问题上自己做主，并能独立完成一些工作。但对某些高难度的问题，你常常拿不定主意，需要他人的帮助。

40分以上：在一些事情上你通常能自己做主，能独立完成自己的工作计划，不依赖别人，也不受社会舆论的约束。同时，你无意控制和支配别人，不嫌弃人。

☆温馨提示☆

依赖别人永远做不出成绩，只有一切靠自己，自主，独立，方能够掌控自己的命运。

第二章
事业，女人也该拥有

曾几何时，事业被当作是男人的专利，女人好像与其无缘。但是，随着社会的发展和人们观念的改变，女人越来越多地走出家门，走向职场，开始开创属于自己的一份事业。你有没有这样的野心？有没有创业的DNA？这些心理测试或许能够帮你找到直观深刻的答案，在创业上助你一臂之力。

1. 你认为事业是男人的事情吗

不可否认，提到事业，很多人都认为那是男人的专利。虽然现代社会提倡男女平等，但是"女主内，男主外"的婚姻家庭模式主宰了中国社会很多年，使得很多人在思想和观念上很难转过弯来。那么，你认为事业只是男人的事情吗？你愿意让丈夫养着你，做个全职太太吗？或许你嘴上说不愿意，但心里可能会有这种倾向，想要了解这点，那就来进行下面的测试吧。

1．工作中，你通常喜欢和男同事一比高低吗？

A. 是的，我相信男人能够做到的事情，女人也一定能够做到

B. 偶尔会，尤其是遇到一些有利可图的项目

C. 不会，我认为女人不应该太出风头

2．工作的时候，你经常依赖男同事吗？

A. 不是，一般都是他们依赖我

B. 偶尔会，尤其是遇到一些非常棘手的问题

C. 是的，不管工作项目是大还是小，我都不敢自作主张

3. 你认为丈夫拿的薪水应该比你高吗？

　　A. 不是，一个家应该靠两个人共同来维护的

　　B. 有时候会这么想

　　C. 是的，因为男人是这个家的顶梁柱

4. 如果让你做个全职太太，你愿意吗？

　　A. 不愿意，我认为女人应该有自己独立的生活

　　B. 无所谓，只要不愁吃穿，不限制行动自由

　　C. 愿意，这样就会少了很多奔波之苦

5. 你对那些"二奶"怎么看待？

　　A. 她们简直是社会的寄生虫

　　B. 或许她们有自己的苦衷

　　C. 她们的钱不是偷来的，也不是抢来的，那样做也未尝不可

6. 如果你是一位男性，你愿意自己的老婆为了工作早出晚归吗？

　　A. 那是工作要求，没办法的事情

　　B. 只要她喜欢就好

　　C. 不愿意，自己一个人挣钱就够了

7. 你愿意为了自己的家庭放弃事业吗？

　　A. 不愿意，女人的生命中不仅仅只有家庭

　　B. 好好衡量之后再做决定

　　C. 愿意，我认为一个女人的重心应该在家庭上面

8. 你家的家务活平时都是谁来做？

　　A. 两人平分

　　B. 谁有时间谁做

　　C. 一般都是我做

9. 你觉得自己有能力承担一些工作中的重要项目吗？

　　A. 是的，我相信自己的能力

　　B. 不敢肯定

　　C. 没有能力，得有人辅助才行

结果分析

以上各题，选择A得3分，选择B得2分，选择C得1分。计算你的总得分。

22～27分：你认为事业不只是男人的事情，女人也应该用事业来支撑自己的整个生命。因此，你把工作看得很重，甚至把它放在第一位。其实，女人有时候柔弱一点，反而可以看到生活中更加美丽的风景。

15～21分：你对事业是男人的事情这一观点不置可否，你认为凡事应该顺其自然，哪件事情重要，就应该先把它解决掉。至于工作，女人不可以失去，但也没必要看得太重。

9～14分：你认为事业是男人的事情。在你的意识里，女人天生就不应该做工作，她们应该把更多的时间放在享受生活当中。因此，如果不是生活所逼，她们可能不会出来做事。

☆ 温馨提示 ☆

事业并没有性别之分，男人可以拥有事业，女人同样也可以。但是生命中并非只有事业，还有很多不应该错过的风景。

2. 你是事业型女性吗

有人说，男人重事业，女人重爱情。而在现代社会，事业不单单是男人的专利，巾帼不让须眉，很多事业型的女性异军突起，与男性平分天下。那么，对于你来说，事业和爱情之间你会选择哪个？你是事业型的女性吗？来测试一下吧。

1. 你是否觉得自己很有进取心？

    A. 是。前进到第3题   **B. 不是。前进到第2题**

2. 比起领导，你是否觉得自己其实也差不到哪儿去。

    A. 是。前进到第4题   **B. 不是。前进到第5题**

3. 人人都说加班辛苦，你是否也是这么认为？

    A. 是。前进到第5题   **B. 不是。前进到第6题**

4. 你是否觉得与其自己提出辞职，还不如等待最后退休？

    A. 是。前进到第7题   **B. 不是。前进到第8题**

5. 你是否很好强，喜欢和别人争高低？

    A. 是。前进到第9题   **B. 不是。前进到第8题**

6. 当你解决了一个难题之后，是否觉得人情起了关键的作用？

    A. 是。前进到第10题   **B. 不是。前进到第9题**

7. 你是否总想过一种虽然并不快乐，却很安稳的生活？

    A. 是。A型   **B. 不是。B型**

8. 你经常觉得自己的运气很不错吗？

    A. 是。C型   **B. 不是。A型**

9. 你是否坚信自己能够实现"一掷千金"的梦想？

    A. 是。B型   **B. 不是。D型**

10. 你是否觉得自己是一个很容易被打动的人？

    A. 是。D型   **B. 不是。C型**

结果分析

A型： 你只想做个贤妻良母，对事业并没有很大的兴趣。

与事业相比，你更愿意把精力放在家庭上。你会在结婚之后选择放弃工作，全心全意地来照顾自己的家庭。虽然你也会将上司安排的事情做好，但并不会借此来让自己出人头地。然而，现代社会竞争日益激烈，拥有一点进取心还是很有必要的。与其依靠丈夫，不如依靠自己的力量来获得更好的生活。

B型： 虽然你很想追求事业的成功，但是却不想付出艰辛的努力。

你虽然很羡慕别人的成就，也很想让自己出人头地，成为别人羡慕的成功人士，但是你却并不愿意因此而付出太多。你有一种侥幸心理，觉得凭着自己的小聪明，也会抓住机会，获得成功。然而靠侥幸是很难成大事的，"吃得苦中苦，方为人上人"，只有付出心血和努力，才能超越别人，取得成功。

C型： 虽然你"只问耕耘，不问收获"，却因此收获颇丰。

你的工作很努力，但目的并不是为了出人头地，而是出于责任心和使命感。但正是因为你负责的态度使你获得了很多出人头地的机会。不管做什么事情，你都会十分投入，因此，你很被上司和前辈们看好，如果你想获得更高的职位和权力，那将是一件顺理成章的事情。但是，缺乏野心和魄力有时也是你的缺点，这会让你在承担要职时，力不从心、不堪重负。

D型： 你在事业上，怀着勃勃野心，有着志在必得的决心。

你非常渴望成功，是个野心勃勃的实干家。你会为了实现自己的梦想，会付出不懈的努力，对待事业永远不知疲倦。因此，你经常会倾注全力去获得各种资格证书，在任何的场合都会积极地寻找机会。而且，你的运气是比较好的，它会帮助你在成功的道路上，披荆斩棘、勇往直前。

☆温馨提示☆

只要努力就会有回报，事业和家庭都很重要，因此，不应顾此失彼，要做到二者兼顾。

3. 你能否得到上司重视

上司是我们日常工作中的直接领导，能否得到上司的重视，在一定程度上决定我们工作业绩。这不仅仅要求与上司的关系融洽，更主要的是在公司的众多职员中，你应具备出类拔萃的能力，以及较强的专业技能和独到的创新意识。

你得到了上司的重视吗？来测试一下吧。

假如你可以隐身，可以四处自由穿梭，没有人能知道你在做什么，拥有这样无穷的力量，你会想做什么？

A. 搞些无伤大雅的恶作剧

B. 偷窃贵重的物品

C. 四处破坏，做一些变态的坏事

D. 接近爱慕的人

结果分析

选择A：你好像是个世外高人，办公室里的钩心斗角你永远不会参与。每当有纷争时，你总会置身事外，因为你不喜欢这种复杂的人事斗争，担心自己会被卷入其中。因此，你宁愿做个安分的小职员，而这样是很难被上司注意的。

选择B：你的野心很大，想要很多东西，无论权位还是利益，你都不愿放过。上司也能看出你的野心，但只要你有能力，还是会重用你的。但你首先要创造出个人的优势，尽力表现。当然也不能过于自满，否则也是会被老板难为的。

选择C：你的自我意识能力不错，所以不愿意受任何委屈，一旦遇到不公待遇，就会马上诉说不满。这样很容易引起上司的厌恶，所以你最好先闭嘴，待做出一些好的成果来，然后在适当的时机，为自己谋取应该得到的利益。

选择D： 虽然你对名利权势有所渴望，但都是在可以理解的范围内。日常工作中你会控制自己的欲望，即使受到了不公正的待遇，也是会忍让。你比较尊重上司的威信。总之，只要努力，就一定会体现你的价值和贡献。

☆ 温馨提示 ☆

能否得到上司的重视，与个人的能力、素质，以及平时的表现有很大的关系。总之，只要自己努力了，不争也会得到重视。

4. 当老板，你现在够格吗

俗话说："不想当将军的士兵不是好士兵"，每个人都想要向事业最高点进军，不管是男人还是女人，都希望自己当老板，但是当老板也要有当老板的资本。想不想知道现在的你是否够格当老板。以下每道题都有4个选项：A．经常；B．有时；C．很少；D．从不。以下问题，根据自己的实际情况，做出最合适的选择。

1. 你是否只有在承受很大压力的情况下才肯承担重大任务？

2. 在急需决策时，你是否总会犹豫地说："再让我考虑一下吧？"

3. 当你对重要的行动和计划做出决策时，是否总会对其后果考虑很少？

4. 当一项重要任务受到干扰和危机时，你是否感到无力抵御？

5. 你是否经常对一些突发的问题或困难情形而感到始料不及？

6. 面对一些可能不得人心的决策，你是否会寻找借口来逃避？

7. 你是否总是用"慎重，凡事不能轻易下结论"来掩饰自己的优柔寡断？

8. 你是否为了不冒犯某位大客户，而有意回避一些关键性的问题？

9. 你在宣布一些可能得罪他人的决定时，是不是总是委婉含蓄？

10. 当你遇到自己不愿做而又不得不做的事情时，是否经常让别人替你做？

11. 即使有很急的任务，你是否也不会为此放下生活中的琐碎事务？

12. 你是否会为了逃避艰巨的任务而寻找各种借口？

13. 你是否总是到下班之后才发现还有重要的事没有做？

结果分析

以上各题，选A得4分，选B得3分，选C得2分，选D得1分。

得分50分以上，很抱歉，你的个人素质很难使你担当重任。

40～49分，虽然你有些志向，但是不算勤勉，如果能够改变拖沓、低效的缺点，或许能够取得一定的成绩。

30～39分，你很有自信，虽然有时也会犹豫不决，却也是稳重和深思熟虑的表现，应该能够成为一个不错的老板。

15～29分，说明你是一个高效率的决策者和管理者，能够很好地处理事情和进行员工管理，是一个优秀的老板。

☆温馨提示☆

当老板并不是一句话那么简单，它需要积累和经验，不妨从现在开始做准备

5．你是否具备创业DNA

　　不是每个人都能自己创业的。多数创业者天生就适合创业，他们人生的使命就是要开拓一片属于自己的天空。创业需要有出色的领导才能，不拘泥于常规，充满想象力，富有冒险精神等。你想创业吗？先来测测，你是否具有创业者应有的素质和潜能。

　　下面每道题有五个选项：A．十分符合；B．有一点符合；C．不是很符合；D．不符合；E．很不符合。请根据自己的真实的情况，选择你与最相符的选项，五分钟内做完。

1. 朋友经常征询自己的意见。

2. 我可以将个人消遣的用来赚钱。

3. 在竞争中看到自己的良好表现，自己会高兴。

4. 我可以使自己在工作时不被打扰。

5. 我觉得自己是一个理财高手。

6. 我有足够的毅力和耐心对待自己的工作。

7. 我以前做过主管。

8. 我总是一个人来承担责任。

9. 我一直想比其他人做得优秀。

10. 我可以一人独立完成任务，而且做得很好。

11. 我关心他人的需求。

12. 我可以在短时间内，交到很多朋友。

13. 我能自学完成上司分派给自己的任务。

14. 在上学期间我已经开始赚钱了。

15. 当我需要他人的帮助时，我能自信地要求，并可以说服他人来帮我。

16. 我觉得自己从来不固执己见。

17. 在一个工作团队中，比较受大家欢迎。

18. 我总是先了解目标，然后进行工作。

19. 和我交往的朋友中，有一些有成就，有远见，忠诚稳重的人。

20. 我曾经为了某个目标而制订三年以上的长远计划。

结果分析

总分（R）＝A（选择的数目）×5+B（选择的数目）×4+C（选择的数目）×3+D（选择的数目）×2+E

根据你的原始分数（R），从下表中找出相应的排名值（P）。假如你的分数高于63分，你相应的排名则大于50，表明你的创业素质还不错，至少可以说明你具备创业的潜力。

创业素质常模对照表（P的单位%）

R	P	R	P	R	P	R	P	R	P	R	P
20	0	35	2	50	18	65	56	80	89	95	99
21	0	36	3	51	18	66	58	81	90	96	99
22	0	37	3	52	21	67	61	82	91	97	99
23	0	38	4	53	24	68	64	83	92	98	99
24	0	39	4	54	26	69	67	84	93	99	99
25	0	40	5	55	28	70	69	85	94	100	100
26	0	41	6	56	31	71	72	86	95		
27	1	42	7	57	33	72	74	87	96		
28	1	43	8	58	36	73	76	88	96		
29	1	44	9	59	39	74	79	89	97		
30	1	45	10	60	42	75	81	90	97		
31	1	46	11	61	44	76	82	91	98		
32	1	47	13	62	47	77	84	92	98		

☆温馨提示☆

　　自身的素质对于职业的影响是很大的，当你拥有这方面的潜质和优势时，它将会成为你的资本和财富，帮你顺利获得成功。

6. 你适合做公关工作吗

　　要想成为一名优秀的公关人员，良好的公关能力是必不可少的，特别是一些想要从事公关工作的女性。公关人员要与各行各业的人士打交道，需要有一定的语言表达能力和处世技巧。来测测你是否适合做公关工作。

　　1．当你与恋人约会时，对方很晚才到，到了之后对你说："不好意思，我迟到了。"你将作何回答？

　　A. 真不礼貌！你怎么总是这么稀里糊涂的

　　B. 不必介意！不必介意

　　C. 你是我喜爱的人嘛！我不会怪你的

　　2．在家中，父亲对你说："你怎么混得这样差，怎么回事啊？"你回答？

　　A. 我是爸爸的孩子呗，当然没有你厉害了

　　B. 对不起！我已经很努力了

　　C. 我会好好努力，下次一定让你高兴

　　3．在学校，当你和同学们一起议论别人时，其中一位同学说了另一个同学的倒霉事，你会作何反应？

　　A. 那家伙真是差劲啊

　　B. 不会吧！我觉得没这么严重吧

　　C. 真可怜啊

　　4．当你在等公交车时，因为人多，没有挤上去，你的朋友说："等下一辆吧！"你会怎么回答？

　　A. 总是这样，怎么能乘得上车呢

　　B. 好吧，只好等等了

　　C. 高峰期就是这样，真烦人

　　5．在公交车上，由于人多互相拥挤，有人对你说："不要挤！"你回答？

　　A. 人多，没办法！请你向前靠些吧

　　B. 对不起

　　C. 真是的，我也不想挤

结果分析

以上选择选A得1分，选B得2分，选C得3分。

5～8分：公关能力很差。在公共场合，常常带有强烈的攻击性，碰到不顺心的事，就会马上发脾气。如果不加以改善，将会严重影响有关群体性的工作。

9～12分：具有很强的公关意识和公关能力，遇事能够仔细考虑他人情绪和周围环境。即使碰到令自己讨厌的事情，也能够控制住自己的感情，努力去适应环境。当然，如果过于冷静，则有可能让人觉得冷漠，丧失个性，不利于自我的发展。

13～15分：能力中等，需要提高。你会不很外露自己的好恶，但在行动上有些唯我独尊，不太考虑别人的情绪，不善于理解别人的行动。因此，你要把自己放在大环境中去考虑和看待问题，这样才能更好地适应工作。

☆ 温馨提示 ☆

公关工作对人的素质和能力有着很严格的要求，不是每个人都能够做好的，这需要我们在实践中不断地完善和提高自己。

7. 爱情与事业，哪个在你生命中更重要

鱼和熊掌往往难以兼得，很多时候，选择爱情，便会影响事业，而选择事业，爱情也会大打折扣。想不想知道在你的潜意识里认为爱情和事业哪个更重要？下面的这个测试应该能够帮助你找到答案。

如果有一天你独自一人出国旅行，而且对这个国家的语言一点不懂，你最害怕遇到什么麻烦？

A. 丢失护照等证件　　　　　**B.** 钱被人偷了

C. 该国警察怀疑自己犯罪　　**D.** 上当受骗

结果分析

选择A：你是一个事业心很强的女人，为此可以放弃爱情。即使拥有爱情，你也总是喜欢享受吝于付出。不错，一个伟大的女人背后肯定有一个伟大的男人，但是你也不应该为此把事业和爱情分得太清楚。

选择B：相对而言，你的事业稍微重要一点。如果你的男友不是感情用事的人，你们会很幸福的。而且你也能够通过享受爱情来化解工作上的压力，不过你因为总是把工作上的压力带到生活中来，很容易伤害到对方。

选择C：选择这个答案的女孩子认为生命中爱情比较重要一些。有时候可能会为了成全爱情，甘心放弃事业。但是爱情不能当饭吃，很多时候你和爱人之间的争吵都是因为钱。建议你们先保持经济独立，这样或许会减轻爱情负担。

选择D：选择这个答案的女孩子几乎把爱情当作生命中的全部。这种类型的女孩子几乎没有事业心，可以说她们根本就不喜欢工作，因此她们就有更多的时间和精力来经营自己的爱情。但是，婚后很可能因为经济问题闹得不愉快，因此建议你在组建爱巢之前先打好经济基础。

☆温馨提示☆

爱情和事业是人生中不可缺少的组成部分，最理智的做法是平衡看待，千万不能顾此失彼。

8. 是什么束缚了你事业的发展

一个人可能由于自身或者环境的各种因素的影响，在事业上难免会陷入困境。如果你在事业上也遇到阻碍，那么，你想知道是什么因素束缚了你事业的发展呢？下面设计了一个情景模式，根据你的真实意愿来进行选择，帮你测试一下影响你事业发展的因素。

你是某企业宣传部的主管，因为工作的关系，经常会接受一些广告代理商的招待，也经常会收到广告商送的一些礼物。某天，你收到一样没有署名寄件人的礼物，不过，你心里有数，应该是最近一直纠缠自己的两个广告商送的。请问在这种情况下，你会做出什么样的反应？

A. 先确认送礼的人是谁，然后再委婉地回绝对方

B. 总先打开来看看。如果是自己喜欢的东西就先收下

C. 先跟上司商量，然后再做决定

结果分析

选择A： 因为受到道德观念的束缚，你在办事时，有些呆板，不懂变通。如果你想在事业上有所成就的话，就必须在各方面寻求自我的突破。不要害怕自己做不好。当然，在进行调整时，不要太急于求成，突然做出过大的转变，反而对自己影响不好。

选择B：贪图小便宜心态是阻碍你事业发展的因素。在你的观念里，成功不等于自己的立场。因此，你对工作也不会全心付出，凡事总是朝着利益的方向走，很容易导致自己立场不坚定，最后因小失大。

选择C：影响你事业发展的因素是你的依赖心或逃避责任的心理。选此答案的人，在心理上不够成熟，没有自己的主见，做事保守，总是固执地认为只有对工作负责才能成功，缺少冒险精神，很容易束缚自己的脚步。当你能够勇敢地为自己的事业赌上一把时，或许会给你带来意外的刺激。

☆温馨提示☆

想做大事业，就要有做大事业的心理和魄力，凡事总是被一些陈规旧俗所束缚，是很难施展自己的手脚的。

9. 脚步形态知成败

一个人的外在的表现与其性格、为人等有很大的关系，甚至，我们可以从一个人的行为举止看出他的运程，如从脚步形态就可以看出一个人在事业功名上是否有所成就。赶快来测试一下吧。

A. 脚板着地 　　　　　　B. 脚向内弯行

C. 脚跟先着地 　　　　　D. 脚尖先着地

结果分析

选择A，成功型。这样走路，步幅适当，步行扎实，不左摇右晃，表明其做事比较稳重，多行动而少言论，是个十分认真和用功的人，并对成功有很大的渴望，有机会定会一飞冲天。但要注意适当休息，不要透支精力和健康。

选择B，失败型。行路脚步小，向内弯行，脚跟着地不多，表明这种人做事没有信心，为人懒散，难有大的作为。要想改变现状，就要努力地改变自己的缺点，建立信心，勤奋努力，只要肯付出，就会得到应有的回报。

选择C，事业型。一副昂首阔步、大步流星的样子，这种人充满了自信，做事也很有激情，常常胸怀大志，能够有所作为，但是需要注意的是，做事不要粗心大意，否则会因为小失误造成大损失。

选择D，小人型。走路时边走边用脚尖踢地，往往是不稳重、不踏实、游手好闲者，有着很多不良习惯，思想有些不正，做什么事也难以成功。要想改变自己，就要放弃一些投机取巧的想法，脚踏实地做事，多学习，慢慢改正，这样才能有出息。

☆ 温馨提示 ☆

言行举止往往是一个人内在性格和品质的表现，行得正才能有所作为。

10. 你能成为世界顶尖人才吗

　　身在职场中的每一个人，不管是男士还是女士，都希望自己能够成为各自领域的精英，成为世界顶尖人才。那么，你具有世界顶尖人才的潜质吗？不妨来测一下吧！

1. 一般而言，你比较喜欢吃什么水果？

　　A. 草莓　　　　**B. 苹果**　　　　**C. 西瓜**　　　　**D. 菠萝**

2. 休假的时候，你最喜欢去什么地方？

　　A. 郊外　　　　**B. 电影院**　　　**C. 公园**　　　　**D. 商场**

3. 你认为自己最吸引人的特点是？

　　A. 才气　　　　**B. 具有依赖性**　**C. 优雅**　　　　**D. 善良**

4. 如果可以成为一种动物，你希望自己是哪种？

　　A. 猫　　　　　**B. 马**　　　　　**C. 大象**　　　　**D. 猴子**

5. 炎热的夏季，你一般选择什么方式解暑？

　　A. 游泳　　　　**B. 喝冷饮**　　　**C. 开空调**　　　**D. 去避暑胜地**

6. 以下动物，如果让你选择与其生活，你会选择哪个？

　　A. 蛇　　　　　**B. 猪**　　　　　**C. 老鼠**　　　　**D. 苍蝇**

7. 闲暇的时候，你比较喜欢看哪类电视剧或者电影？

　　A. 悬疑推理类　**B. 童话神话类**　**C. 自然科学类**　**D. 伦理道德类**

8. 以下哪种物品，你会随身携带？

　　A. 手机　　　　**B. 口红**　　　　**C. 记事本**　　　**D. 纸巾**

9. 出行时，你一般选择哪种交通工具？

　　A. 火车　　　　**B. 自行车**　　　**C. 汽车**　　　　**D. 飞机**

10. 以下几种颜色，你比较喜欢哪一种？

　　A. 紫　　　　　**B. 黑**　　　　　**C. 蓝**　　　　　**D. 白**

11. 下列运动中，你最喜欢的是哪一个？

　　A. 瑜伽　　　　**B. 自行车**　　　**C. 乒乓球**　　　**D. 拳击**

12. 如果能够拥有一座别墅，你最想它在什么地方？

　　A. 湖边　　　　**B. 草原**　　　　**C. 海边**　　　　**D. 森林**

13. 相比而言，你最喜欢以下哪种天气？
   A. 雪　　　　　B. 风　　　　　C. 雨　　　　　D. 雾

14. 你希望自己的家住在哪一层？
   A. 一层　　　　B. 七层　　　　C. 二十层　　　D. 十八层

15. 你渴望在下面哪个城市生活？
   A. 丽江　　　　B. 拉萨　　　　C. 昆明　　　　D. 杭州

结果分析

以上各题，选择A得2分；选择B得3分；选择C得5分；选择D得10分。把各题得分相加，计算你的总得分。

120分以上：你是非常聪明的女孩子，而且性格活泼，很会交朋友，不过你心机很深，而且企图心非常强，渴望成功、爱情、金钱。一般而言，只要你努力，你想要的就一定能够得到，因此具备世界一流人才的潜质。但是要注意在追求的过程中手段和方式的正确性。

90～119分：这类女孩子喜欢幻想，而且非常敏感。在交友方面，她们总是以是否投缘为标准，也非常崇尚浪漫的爱情。另外，在性格方面有些孤傲和急躁，但只要努力，这些并不妨碍她成为世界一流人才。

60～89分：这类女孩子好奇心非常严重，同时喜欢冒险，人缘极好。不过事业心一般，在对待工作方面也是随遇而安，善于妥协。可以说她们并不期望自己能够成为世界一流人才，只要有浪漫的爱情，幸福的婚姻，她们就满足了。

30～59分：选择这类答案的女孩子根本就不喜欢工作，更不要提成为世界一流人才了。在她们的意识里，事业和工作是男人们的事情，女人最重要的是要学会享受生活。

☆ 温馨提示 ☆

虽然不一定要成为世界一流人才，但是每个人都应该拥有一颗积极向上的心，这样才不至于让自己失去生活的目标。

11. 你能抓住事业发展的机遇吗

　　每个人都希望自己的事业能够蓬勃向上，但并不是每个人都能够抓住机会。很多时候，机遇是事业的催化剂，能够抓住机遇往往就会使你的事业得到突飞猛进的发展！想不想知道自己能否抓住机遇，依此促进事业的进展呢？那就来测试一下吧！

　　一个长得年轻帅气的小伙子向你问路，而且恰好他去的方向与你去的方向一致，此时你会？

　　A. 告诉他自己和他同路，带他一起走

　　B. 详细告诉他怎么走之后，让他先走，自己随后

　　C. 默默地带他到目的地

　　D. 告诉他怎么走之后，自己选择另外一条路

结果分析

　　选择A：你是一个很善于利用机会的女孩子。你选择与问路人同路而行，是你利用机会的一种表现。也说明你做事负责，很有涵养，能够设身处地为对方着想。因此，只要你善于抓住机会，就一定能够在事业上获得长远发展。

　　选择B：你是一个追求安全感的女孩子，正如走路都喜欢跟在别人后面，而且你喜欢把自己的责任与他人的责任分得清清楚楚。这样可能会少一些挫折，但是也往往会失去一些能够让自己出人头地的机会。

　　选择C：你属于典型的政治家型。生活中往往只顾自己，追求自我满足，而无视他人。因此，你可能会在生活中树敌很多，但因你颇有政治家的风范，也会有不少人跟着你走。

　　选择D：你是一个个性独特的朋友，生活中朋友很少，敌人也很少。不过你一直软弱，讨厌别人低估你的能力，又不喜欢别人请求帮助。一般而言，你在事业上的发展与运气密切相关。

☆ 温馨提示 ☆

机会是把握在自己手里的。只有有准备的头脑和双手，才能把握住稍纵即逝的机遇。

12. 你是怎样的M-ZONE人

你是个开朗有自信的M-ZONE人吗？你对自我突破以及超越自己又有多少期待和憧憬，做个小测验，看看你是不是一个随时都能升级的人。如果是，不妨给自己一点鼓励，不是的话也不用担心，将缺点改进之后你依旧是一个完美的人。

1. 你在生活中经常使用网络吗？

　　A. 是的，一天大部分时间都在电脑前面。前进到第2题

　　B. 不是，偶尔才使用。前进到第3题

2. 你的语速和一般人相比是快还是慢？

　　A. 偏快。前进到第4题

　　B. 偏慢。前进到第5题

3. 你经常去书店买书吗？

　　A. 是的，一有时间就去逛。前进到第6题

　　B. 不是，更喜欢去超市和服装店。前进到第7题

4. 你了解一些网络上的流行用语吗？

　　A. 基本了解。前进到第8题

　　B. 不懂。前进到第9题

5. 如果有个喜欢的歌手来你所在的城市举行演唱会，你会捧场吗？

　　A. 应该不会，门票价格太高。前进到第6题

　　B. 一定会去，机会难得。前进到第10题

6．你关注最新的流行服饰吗？

    A. 不怎么关心。前进到第9题

    B. 十分关心，而且决不允许自己落伍。前进到第10题

7．你经常更换手机吗？

    A. 是的，看见新款式手心就发痒。前进到第13题

    B. 不是，手机只是打打电话而已，没有必要。前进到第15题

8． 你认为自己的意志力是不是很坚定？

    A. 是的，不达目的决不罢休。前进到第11题

    B. 不是，遇到困难很容易放弃。前进到第12题

9．元旦的时候，公司举办化装舞会，你会参加吗？

    A. 不会，不喜欢太过热闹的场合。前进到第13题

    B. 一定去，决不能错过这么热闹的机会。前进到第14题

10．如果有一天，你的下属背叛了你，你会？

    A. 原谅他，让他将功补过。前进到第13题

    B. 马上让他走人。前进到第8题

11．如果你喜欢看电视，会看哪类节目？

    A. 娱乐性的节目。A型

    B. 连续剧。前进到第12题

12．你觉得自己目前的工作状态怎么样？

    A. 不怎么样，没有追求的动力。B型

    B. 还可以，觉得每天都充满新鲜感。前进到第13题

13．假设你被敌人追到悬崖，你会？

    A. 跳下悬崖，坚决不能让他们抓到。C型

    B. 让他们带走，或许还有机会再逃走。前进到第15题

14．如果你不幸患上绝症，你会？

    A. 把后事交代好，安心快乐地走。后退到第13题

    B. 趁现在还能动赶紧挥霍。前进到第15题

15．如果在大街上听到自己喜欢的歌曲，你会跟着节拍唱吗？

    A. 不会，不好意思。D型

    B. 不自觉就会跟着唱起来。E型

结果分析

A型：你的升级指数是90%。生活中，你心存大志，而且乐观向上，积极进取。不过你往往看不起眼前的小事，认为它们不屑一顾，要知道凡是成大事者都是从眼前的小事做起的。

B型：你的升级指数为80%。你有自己追求的梦想，也乐意把追求梦想的经验与他人分享，因此你拥有很多朋友。不过你往往因为成功来得太顺利而心虚，最后是自己败给自己。

C型：你的升级指数为60%。生活中你总是渴望平步青云，成为人上人，但是现实对你来说太过残酷，造成这种现象的原因是你考虑太多的现实问题。建议你锁定目标，放手拼搏，方能实现理想。

D型：你的升级指数为40%。你是那种与世无争，顺其自然的女孩子，比较中意稳定的生活，也非常容易满足。建议你不要总是保持一种状态，只有学会改变和突破自己，才能成为真正的M-ZONE人。

E型：你的升级指数为30%。你属于个性传统的人，做什么事情都非常固执，往往先入为主。当然，在先人的基础上做事，不容易出错，但不应该就此排斥新鲜事物。可以这样说，你基本上不具备M-ZONE人的特质，需要改变。

☆ 温馨提示 ☆

生活中，万事万物都不是一成不变的，因此我们也需要不断改变自己，突破自己，唯有如此，才能跟得上时代的节奏。

第三章
做个轻松的职场丽人

现代社会，女性已经不满足于在家相夫教子，做个贤妻良母了。可以发现，越来越多的女性开始走进职场，显示"巾帼不让须眉"的魄力。但是你对自己目前的工作满意吗？你能够应付繁重的工作带来的种种压力吗？本章测试或许能够帮助你找到自己工作中的优缺点，让你成为轻松的职场丽人。

1. 你对自己的工作满意吗

世界上有成千上万种职业，但是你从事的不一定是自己喜欢的。或许有的女性对自己现在所从事的工作没有感觉，不知道到底喜欢还是不喜欢，满意还是不满意？觉得做这份工作也行，换个其他的也可以。下面的测试就是帮你弄明白你到底对自己目前的工作是否满意。那么，来试一下吧！

1. 你认为自己的能力怎么样？

    A. 不敢恭维　　　　　　　　　　　　　　　　（0分）

    B. 相同的事情需要比别人付出更多的努力　　（4分）

    C. 还可以，能够把事情做得得心应手　　　　（10分）

2. 在上班的时候，你感觉时间过得？

    A. 特别快　　　　　　　　　　　　　　　　（10分）

    B. 一般，跟平时没有什么区别　　　　　　　（6分）

    C. 太慢了，每次看表才过去5分钟而已　　　（0分）

3. 下面的三种情况，哪种比较适合你？

    A. 虽然已经参加工作很久了，但还是会抽空学习专业知识   （10分）

    B. 刚刚走上工作岗位的时候，富有激情   （2分）

    C. 得过且过   （0分）

4. 你在工作的时候状态怎么样？

    A. 精神抖擞，劲头十足   （10分）

    B. 劲头平平，没有忧喜   （1分）

    C. 没精打采，无所事事   （0分）

5. 你对现在从事的工作感到担忧吗？

    A. 有时会担忧   （1分）

    B. 从来没有担忧过   （5分）

    C. 偶尔会担忧   （10分）

6. 每个星期一的早上，你都会？

    A. 想逃避上班   （0分）

    B. 很难进入工作状态   （5分）

    C. 每次都是提前走到办公室   （10分）

7. 你觉得现在的工作？

    A. 一点意思都没有   （0分）

    B. 太紧张了，没有属于自己的时间   （3分）

    C. 总是不能把握他的节奏   （10分）

8. 你觉得自己在同事的眼里？

    A. 很值得交往   （10分）

    B. 泛泛而交   （6分）

    C. 不被信任   （0分）

9. 你考虑过跳槽吗？

    A. 不想，因为我对现在的工作挺满意的   （10分）

    B. 没有想过   （3分）

    C. 前几个月就已经在考虑了   （0分）

10. 为了逃避上班，你总是装病吗？

    A. 不会这样做   （10分）

    B. 经常这样   （1分）

   C. 偶尔会这样 （5分）

11. 为了旅游，你会请假吗？

   A. 绝对不会 （10分）

   B. 工作不忙的时候可能会这样做 （3分）

   C. 会的，只要有机会就不愿意错过 （0分）

12. 上班的时候，你会打一些私人电话吗？

   A. 会，还经常与朋友煲电话粥 （0分）

   B. 一般不会，除非有事情 （10分）

   C. 几乎每天都会打，不过时间很短 （2分）

13. 你认为自己周围的同事怎么样？

   A. 他们真的很讨厌，尤其是一些男性同事 （0分）

   B. 和他们几乎没有共同语言 （1分）

   C. 相处得还可以，有几个很值得尊敬 （10分）

14. 当工作紧张的时候，你会选择加班吗？

   A. 加班，即使没有加班费也无所谓 （10分）

   B. 从来不会加班 （0分）

   C. 有加班费的话可以考虑 （2分）

15. 你认可下面的观点吗？

   A. 敬业就是要把自己所有的时间都花费在工作上面 （10分）

   B. 工作是为了生存 （0分）

   C. 工作是为了享受，所以应该找一份自己喜欢的 （2分）

16. 你愿意和别人交流工作上的事情吗？

   A. 一般不会 （0分）

   B. 经常和家人、朋友交流 （10分）

   C. 只在办公室里和同事谈论一下 （2分）

17. 因为某些原因，公司决定给员工每月减薪20%，这时你会继续做下去吗？

   A. 迫于生计，另谋他路 （2分）

   B. 不想再继续干下去了 （0分）

   C. 因为喜欢，会继续干下去 （10分）

18. 如果某天你突然中了500万的大奖，你会？

    A. 仍然按部就班地工作 （10分）

    B. 马上辞职，开始享受 （0分）

    C. 换一个自己喜欢的工作 （3分）

19. 当初你为什么会选择这项工作？

    A. 除了这个，没有别的工作可做 （0分）

    B. 父母的意见 （2分）

    C. 那个时候很喜欢这个工作 （10分）

20. 当家庭和事业发生矛盾时，你会？

    A. 把工作放在第一位 （10分）

    B. 把家庭放在第一位 （1分）

    C. 看看哪件事情比较急，就先处理哪些事情 （3分）

21. 对你来说，你觉得眼前的工作？

    A. 还凑合 （1分）

    B. 觉得自己有点屈才 （0分）

    C. 心仪已久，十分喜欢 （10分）

22. 你经常缺勤吗？

    A. 很少缺勤 （3分）

    B. 从不缺勤 （10分）

    C. 家常便饭 （0分）

23. 你与下面的哪种情况最为接近？

    A. 对眼前的工作还算感兴趣 （5分）

    B. 比较喜欢眼前的工作 （10分）

    C. 工作的时候总是不在状态 （0分）

结果分析

把以上各题的总得分相加起来，便是你的总得分。

200分以上：你是一个非常敬业的工作者，能够全身心地投入到自己的工作中，简直有"工作狂"的倾向，建议你在工作的时候注意休息。

150～199分：现在的你十分满意自己的工作，觉得它能够给你带来很多乐趣。如果让你放弃，你会十分不舍。

121～149分：你对目前的工作还算满意，没有想过要跳槽，但也没有做出突出成绩。建议你把精力更多地放在工作上，这样方能得到升职。

71～120分：你对目前的工作不太满意。主要原因可能是因为你在当前的职位上有点大材小用，还可能是你对自己估计过高，结果总是达不到目标。

40～70分：你对现在的工作非常不满，如果坚持下去纯粹是在浪费时间。建议你另谋高就，或许会找到自己生活的意义所在。

☆ 温馨提示 ☆

只有对工作满意，才可以做出成绩。正如喜欢一个人，才能够体味到爱情的滋味。

2. 你的工作态度及格吗

不管做什么工作，工作态度是尤为重要的。因为一个人如果没有一个良好的、端正的工作态度，就很难在自己的工作岗位上做出成绩，如此一来，对于你的工作单位来说，你是没有任何价值的。想知道你的工作态度及格吗？赶快进入下面的测试吧！

1. 如果你现在的发型是直长发，想改变一下，你会？

   A. 修短。前进到第4题

   B. 烫卷。前进到第2题

2. 上班你通常会选择哪一种包？

   A. 手提包。前进到第3题

   B. 背包或者挎包。前进到第5题

3. 你喜欢哪种类型的T恤衫

   A. 纯色。前进到第6题

   B. 带有图案或者花型的。前进到第7题

4. 第一天上班，你会选择什么颜色的外套？

   A. 深蓝色。前进到第5题

   B. 灰色。前进到第6题

5. 一般上班时你会选择穿什么样的鞋子？

   A. 平底鞋。前进到第6题

   B. 高跟鞋。前进到第8题

6. 第一次领工资，你想买衣服犒劳自己，你会选择？

   A. 长裙的套装。前进到第7题

   B. 短裙的套装。前进到第9题

7. 如果选择深蓝色的套装，你会选择什么颜色的丝袜？

   A. 白色。前进到第8题

   B. 肉色。前进到第10题

8. 穿白色衬衫时，你会配什么样的饰品？

   A. 珍珠项链。前进到第10题

   B. 别针。前进到第13题

9．穿深蓝色外套时，你会配什么衣服？

    A． V字领T恤。前进到第10题

    B． 白色衬衫。前进到第11题

10．一般而言，你每个月花在服装和化妆品上面的钱是多少？

    A． 1000元以下。前进到第12题

    B． 1000元以上。前进到第14题

11．上班时你化妆吗？

    A． 全套彩妆。前进到第12题

    B． 只上淡妆。前进到第15题

12．你的血型是B型吗？

    A． 不是。前进到第13题

    B． 是。前进到第14题

13．你会带什么饭上班？

    A． 日常饭菜。前进到第15题

    B． 点心和面包。前进到第16题

14．在上司面前落座的时候，你通常是？

    A． 正襟危坐。前进到第16题

    B． 两腿斜向一边并拢。A型

15．你喜欢戴哪种类型的耳环？

    A． 大一点。前进到第16题

    B． 小一点。B型

16．工作的时候，疲倦时你通常会吃什么？

    A． 糖果。C型

    B． 口香糖。D型

结果分析

    A型：工作中，你不喜欢与人发生任何冲突，因此你做事情总是谨小慎微，生怕一不小心得罪人，即使遇到什么事情，也会采取息事宁人的态度。建议你不要怕与别人发生摩擦，只要自己正确，就要敢说敢做，这样才能解决问题。

B型：你是那种个性淡泊，与人无争的女孩子。对你而言，名利、地位都不重要，重要的是自己生活得快乐。但人在江湖身不由己，有时难免会被卷入一些是非之中，此时你不应置身事外，要及时反击，否则你会受到很大伤害。

C型：工作中，你做任何事情都特别积极，因此常常会给人一种十分强势、企图心强的感觉，这样很容易招致他人的不满。不过在上司的眼中，你很值得信赖，因此升职机会较多。不过如果能够搞好人际关系，则会更有前景。

D型：你做什么事情都会非常谨慎，按部就班，有条不紊，因此周围的同事、朋友都非常信赖你。与同龄的女人相比，你比较成熟，而且小有成就，原因是在很多事情上，你都能够按照自己的目标去努力，能够执著地坚持下去。

☆ 温馨提示 ☆

　　有人说过，一个人的生活态度决定他的人生高度。同样，一个人的工作态度也决定了他的工作高度。

---

3. 你的工作狂指数是多少

　　随着社会竞争的激烈，不仅是男人，也有很多女性把工作当成了生命的全部。她们整天把自己淹没在无边无际的工作当中，是不折不扣的工作狂。你呢，想知道自己是否有这方面的倾向吗？下面的测试会给你答案。

　　1. 假设朋友要向杯子里倒果汁，你认为她会倒多少？

　　A. 半杯。前进到第6题

　　B. 一满杯。前进到第2题

2．如果去看日出，你会选择去哪里看？

    A. 山顶上。前进到第8题

    B. 海边。前进到第3题

3．你比较喜欢下面哪一个字母？

    A. M。前进到第8题

    B. Q。前进到第4题

4．你有两个以上可以交心的朋友吗？

    A. 是的。前进到第10题

    B. 不是。前进到第11题

5．你经常会把名片放在皮夹中吗？

    A. 是的。前进到第9题

    B. 不是。前进到第7题

6．你看到一对情侣在电影院门口，你认为他们是？

    A. 准备进去。前进到第5题

    B. 刚出来。前进到第7题

7．没事的时候你喜欢和那些无聊的家庭主妇打麻将吗？

    A. 是的。前进到第9题

    B. 不是。前进到第10题

8．如果有机会变成一只小动物，你会选择哪一种？

    A. 狐狸。后退到第7题

    B. 小白兔。后退到第4题

9．开会的时候，你会明确表示反对意见吗？

    A. 是。前进到第12题

    B. 否。前进到第13题

10．如果不小心被别人踩了一脚，你会？

    A. 还他一脚。前进到第13题

    B. 无所谓，他可能不是故意的。前进到第11题

11．当你听到有人指责你的工作单位不好时，你会生气吗？

    A. 是的。前进到12题

    B. 不会。D型

12 你觉得自己是一个宿命论者吗？

    A. 是的。A 型

    B. 不是。B 型

13 你在上班的时候经常会玩网络游戏吗？

    A. 是。B 型

    B. 不会。C 型

结果分析

A型：你的工作狂指数为90%。工作中，你是一个脚踏实地的人，而且有过人的毅力与意志力。在家人和朋友的眼中，你很少有时间陪他们，因此他们都觉你是一个十足的工作狂。其实人生还有很多乐趣，不只有工作。

B型：你的工作狂指数为70%。其实，对于工作，你更多的是好奇，而不是那种真正想要做成一番事业的人。不过，活泼乐观的性格使你获得了极好的人缘，而且领导对你也很器重。但记住不应该因此忽略家人。

C型：你的工作狂指数为50%。对你而言，只是为了收入而工作。当然，你也希望自己能够拿到高薪水，学到一些专业知识。但是你却不希望自己的生活中再没有其他什么乐趣可言。

D型：你的工作狂指数为30%。你是一个非常情绪化的女人，做什么事情都会根据自己心情的好坏来决定，一旦心情不好，工作就没有一点效率。所以，你身边的朋友都认为你是一个非常孩子气的人。

☆温馨提示☆

适当的时候，给自己的心灵放个假，不要让生命中充斥的全都是工作。当然，会休息的人才更会工作。

4. 你是否该跳槽了

你也许正在为是否跳槽而愁眉不展。想换工作，又担心得不偿失；想继续做下去，又感觉工作不如意，不称心，而变得焦躁不安，心神不定，陷入了无奈和痛苦之中。不要担心，做完下面的测试，或许能够帮你走出迷茫。

周日的下午，看了一天电视的你突然感觉很饿，而且十分想吃煎蛋。这时，你会选择哪种做法？

A. 两面都煎熟   B. 太阳蛋（一边煎熟，一边半熟）   C. 将鸡蛋打散再煎

结 果 分 析

选择A：你并不会轻易地想要离开单位。除非发生重大的事件，或是公司里一直存在你不满的现象，不然你可能是老死在公司的那种人，跳槽指数低。其实，当一件工作很难再有所突破的时候，跳槽也未尝不是一种明智的选择。劝你一句，果断地走出去，你会发现外面的世界很精彩。

选择B：你很在意一家公司的气氛和环境。对你而言，只要是外表光鲜亮丽的公司，不管让你在那儿做什么工作，只要让你觉得进进出出很露脸，就会冲动地想去上班。所以，你的跳槽指数还是挺高的。

选择C：虽然你做事也很实在，只是工作常跟着情绪走，一旦你决定要离开公司，不管有没有人来挖墙脚，或是有没有失业的危机，你都会选择离开。这个时候，你的心态就是说走就走，坚决不在这里多待一天。

☆温馨提示☆

任何事情都具有两面性，跳槽也是。长久地待在一个地方工作，可能会让你失去激情，但跳来跳去，又可能会让你找不到工作的重心。因此，做什么事情都要三思而后行。

5. 你会被时代抛弃吗

现代社会，发展变化极快，一不小心，你可能就会被时代甩在后面。那么，想不想知道你会不会被时代抛弃呢？进入下面的这个测试吧，或许会对你未来的工作有所帮助。

好不容易有了一个休息日，如果孩子让你带他去玩，你最可能会选择什么地方呢？

A. 美术馆　　　　**B. 博物院**　　　　**C. 自然博物馆**

结果分析

选择A：你一向自认为是个优雅的人，有个人独特的品位和生活步调，不从众随俗，也不屑和其他人一窝蜂地去赶流行。所以，当网络的热潮席卷而来时，你完全不为之所动，甚至于有一点点要超脱的心态。可是，当你发现自己能从中得到需要的资讯，还是会愿意"触网"的，而且你也很清楚自己想要的是什么。

选择B：说真的，你的资讯焦虑症还挺严重，大大小小的事务，你一定都要了解，不然就会觉得空虚，无所适从。所以，当你看到电脑业开始风行，赶紧跟上潮流，走在时代的尖端。你总是最值得朋友信任的顾问，一有什么不懂，或是参加电视益智问答，打电话问你马上就会得到解答。

选择C：你对于学习完全是个实用主义者，只要是对你有帮助的，你就会很认真地去学。不过如果看起来不太相干，那么你就不会有什么兴趣。可是纯粹凭着自己的判断，或许会慢人家半拍，等到整体环境已经改变，你才开始意识到要加快脚步，很可能差一点就赶不上风起云涌的网络狂潮。

☆ 温馨提示 ☆

现代社会，要想不被时代淘汰与放弃，最需要做的就是不断提高自身素质，跟上时代的节奏。

6. 测一测你最近的工作运如何

古人在做事情之前，会通过一些占卜家或者测试来预测自己的运气如何。当然，这或许是迷信的表现，但是，如果预测出有好的运气，可能会给你带来激情和信心；反之，则可能会提醒你在做事情的过程中多加注意。那么，想不想知道你最近的工作运如何呢？来测一下吧！

请依照此刻的直觉从以下"终、偿、所、愿"四字中任选一字，来预测你最近的工作运旺不旺？

A. 终　　　　**B. 偿**　　　　**C. 所**　　　　**D. 愿**

结果分析

选择A： "终"是"冬至解约、心疼结束"的意思。从中可以看出"冬"天工作就要"结"束了，让你心"疼"，甚至会解"约"。你最近的工作运不旺，有可能会失去工作。所以你得加倍小心，努力干活。

选择B： "偿"是"当前作为、人人欣赏"的意思。从"偿"字我们不难看出是"人"家欣"赏"，而且你"当"前的"作"为大家都很欣赏。因此说明你最近的工作运很旺，应继续努力。

选择C： "所"是"门户排斥、斥斥计较"的意思。所就是门"户"互相被排"斥"，于是"斥"斥计较。预示你最近的工作运不旺，有可能会被排斥。请多加强和同事间的感情，和谐相处。

选择D： "愿"是"成功源头、领导卓越"的意思。可以说，"愿"是成功的"源""头"，而且"领"导不错，说明你最近的工作运很旺。但是你不能大意，最重要的是要把眼前的事情做好。

☆ 温馨提示 ☆

不管你的工作运如何，最重要的是一定要端正自己的工作态度，做好自己的事情。工作做好了，运气自然就会到来。

7. 测测你的工作压力有多大

快节奏的现代生活，是不是总让你的神经绷得紧紧的，让你的大脑没有丝毫空闲的时间，让你的心灵承受着巨大的压力？想知道你在工作和生活中承受着多大的工作压力吗？下面的这个小测试可能会让你略知一二。

如果工作中遇到不顺心的事情，或者是难以解决的问题，你会自言自语吗？

A. 经常　　　**B. 偶尔**　　　**C. 很少**

结果分析

选择A：你的压力指数为50%。工作中，你是一个很理智的女人，虽然你会很难容忍那些品行顽劣、极不讲理的同事，并为此影响工作，但只要换个环境。例如去购物、旅游，很快就可以使心情平静下来。

选择B：你的压力指数为70%。你为人保守，害怕得罪人，遇到不满的事情常会默默容忍，内心的郁闷却得不到发泄，心理压力就会越积越大，常常会使你感到不顺心。建议你多做运动，例如打球，爬山等，会有效地缓解你的压力。

选择C：你的压力指数为85%以上。你是一个很敏感的女人，过于在乎别人的看法，为此你甚至强迫自己做一些自己不愿意做的事情以迎合别人。日积月累的巨大压力会使你不堪重负，很容易患上抑郁症。建议你寻求心理医生的专业调适和减压。

☆温馨提示☆

生活需要坚强，也需要智慧，学会有效地减轻自己的压力，就会离精神危机，离抑郁症远一点，再远一点。

8. 面对压力，你怎么做

生活中，每个人都会受到压力的侵扰。面对巨大的压力，如果能够处理得当，则能够提高适应力，增强自信心，克服困难，取得成功；反之，则会紧张疲惫，工作效率低下，窘迫抑郁，损害健康。那么，面对巨大的压力，你是怎么做的呢？

如果本世界最壮观的流星雨将要来临，你会选择在哪里看这场流星雨呢？

A. 楼顶　　　　**B. 草地**　　　　**C. 海边**　　　　**D. 山上**

结果分析

选择A：你通常喜欢把自己的生活安排得满满的，所以工作占据了你生活的大部分时间，这样比较容易出现人际交往方面的问题，所以，需要积极地扩大自己的社交范围，融入群体之中。

选择B：你比较喜欢用幻想来排解压力和焦虑，虽然在一定程度上这种方法可以帮助你排解忧愁，减轻压力，但从长远来看，你还需要不断地锻炼自己，勇于面对现实，增强自己应对现实和挫折的能力。

选择C：对你来说，当生活中出现挫折或者失败的时候，以及压力过大的时候，最好的安慰是爱情。所以，生活中找到一个真心爱你的男人，能够在很大程度上帮助你追求成功，减轻压力。

选择D：生活中，你是一个十分乐观的女人，不管遇到多么大的问题，你都能够乐观地面对，而且特别能够看得开。对你而言，拥有许多能够倾诉的朋友是生命中最宝贵的财富。

☆温馨提示☆

生活中，处理压力的能力很重要，而且它可以通过锻炼进行提高。因此，压力面前，从容一点，自信一点。

9. 你适合从事什么样的工作

生活中，你是不是因为工作不适合而缺乏激情？看到别人在工作中取得优秀的成绩时，你是不是觉得对你来说工作简直就是一种苦役？不妨来做一下这个测试，看一下你适合做哪些工作吧！

假设有一天你乘坐时光机回到原始人的部落，那里天气特别热，你突然看到两男一女不知道在讲什么，讲到激动处，面红耳赤的……请问你觉得他们可能在说些什么呢？

A. 为伙食没着落的问题而烦恼

B. 在讨论怎么才能让食物保鲜时间长一点

C. 在苦恼怎么面对突如其来的流行病

D. 为抵御外族入侵在商讨对策

结果分析

选择A：

你适合做那种专业性很强的工作，例如医生、律师，或是工程师等。做这类工作不仅地位崇高，而且收入多，受人尊敬。只不过做任何事情都需要付出努力，没有什么工作是不努力就可以取得成就的。

选择B：

你适合做那种很专业的业务或类似的工作。例如业务人员、销售人员、经纪人等。因为你天生拥有察言观色以及口若悬河的本领。当然，要想成功扮演这类角色，你的经验将是你的决胜关键。

选择C：

你适合当老板。因为你天生具有领导力，因此你比较适合主管、总经理甚至老板的工作。只是这种机会可遇不可求，除非你是含着金钥匙出生的。但并非只有当老板才能取得成功，脚踏实地才是致富之道。

选择D：

你喜欢比较平静的生活环境，因此一般朝九晚五类的工作最适合你。这样的工作是最为常见的，你可以依照兴趣去选择你想要的。只是，在工作的过程中，需要不断地提升自己，这样才不至于被落在时代的后面。

☆ 温馨提示 ☆

人的一生，遇到合适的工作并不容易，但只要你锲而不舍，孜孜追求，相信总有一项工作是适合你的。

10. 工作能让你感受到快乐吗

快乐是只有自己才能够感受得到的，很多时候，他人的快乐与自己无关。那么，快乐都来自哪里呢？亲情、友情都会带给你快乐，同样，工作也会。那么，工作中你感受得到快乐吗？请做一做下面这个测试。以下各题，每题都有三个答案：A. 我就是这样；B. 有时这样；C. 从不这样。

1. 你的家人是否盼望你在一天工作结束后回到家中？
2. 你的家人是否很喜欢听你讲工作中发生的有趣的事？
3. 你的家人是否知道、理解并喜欢你所从事的工作？
4. 家里的人是否都对你所做的工作感兴趣？
5. 你的家人会说你热爱自己的工作吗？
6. 家中多数人是否都愿意从事你所从事的工作？
7. 你的家人是否认为你的工作对他人和整个世界有益？

8. 你的家人是否不必担心你工作的安全性？

9. 你的家人是否会说家庭和工作对你同等重要？

10. 你的家人是否认为你工作是出于你自己的信念而不是功利？

结果分析

以上各题，选择A得2分，选择B得1分，选择C得0分。计算你的总得分。

16～20分：现在的工作不仅能够给你带来健康，还能够给你带来快乐。心情好了，做什么都有动力，相信你会在工作中取得成就。

12～15分：你的工作不够快乐和健康。建议你多为自己考虑一下，因为兴趣是最大的动力，如果你对这份工作还有兴趣，就脚踏实地做下去；反之，建议你换一种生活方式。

11分以下：你急需一种健康快乐的工作。因为工作不仅仅是为了生存，从中获取一份良好的心情也是很重要的一部分。

☆ 温馨提示 ☆

工作并不是人生的全部，但是它却影响全部的生活，如果不能够从工作中品味到快乐，生活质量就会大打折扣。

11. 你是哪种白领女性

办公室里的白领，有的独立自主，有的则事事依赖别人；有的敏感脆弱，有的则大大咧咧，什么事情都不在乎。那么，你是哪种白领女性呢？

当你突然受到惊吓，你会做出哪种反应？或者你更接近以下哪个选项？

A. 靠在椅子上慢慢缓神　　　　　**B. 赶快跑到人多的地方，寻求安全感**

C. 自己抱住自己的肩膀，镇定而立　　**D. 紧紧抱住朋友的手臂不放**

结果分析

选择A：你是个独立自主的女性，你的头脑十分冷静，做事情从容不迫、镇静自如，因此，工作中你肯定是个女强人。外表看似冷静的你其实内心对爱和事业很投入，因此，深受爱人、家人、朋友的喜欢。

选择B：你是一个情感脆弱的女孩子。虽然你表面看似坚强，但你心中却渴望有个人能够给你力量和支持，但事实难如所愿。多次受到挫折之后，你终会明白自己才是自己生命中的佛祖。

选择C：你是个凡事追求独立的女人，讨厌依赖别人，也讨厌别人依赖你。因此你喜欢独来独往，不喜欢同别人过多深交。你的独立性让人钦佩，很多人喜欢和你在一起，因为他们和你相处感觉很轻松，但是有时候也会给人以孤傲的感觉。

选择D：你的依赖性很强。因此，在工作及生活中你很难独当一面，遇到大事就会十分紧张，总想依靠别人，这样很难成事。其实，自己的命运掌握在自己手中，只有相信自己，才不至于在不幸面前措手不及。

☆温馨提示☆

每一类型的职业女性都有自己的魅力所在，如同公园里姹紫嫣红的花，各有各的魅力，各有各的风采。

12. 办公室里，你是哪种角色

不要以为办公室就是一片净土，有时它也会成为硝烟迷茫的战场，一不小心，你就可能会被别人打败。因此，要想长期发展下去，就需要不断提升自己，给自己一个恰当的定位。

那么，想不想知道你在办公室里是哪种角色？那就回忆一下，每天上下班等车的时候，你会采取一种什么样的姿势？

A. 把手插在口袋里 　　　　　　**B.** 不断地看手表或者看手机

C. 找一面墙靠着 　　　　　　　**D.** 双腿交叉地站着

结果分析

选择A：你是一个很有心机的女人，做什么事情都会进行周密规划，城府很深，而且把所有的精力都放在人际周旋上。如此一来，放在工作上的时间就相应减少了。小心聪明反被聪明误哦，因为工作才是最重要的。

选择B：说实话，你是一个企图心很强的女人，但是你的企图总是很容易表现出来，因为你是一个藏不住事情的女人。因此，建议你还是真诚一点好，如果做事太过于圆滑，可能就会得罪人，让你在办公室里的处境变得艰难。

选择C：你的情绪管理的EQ比较差，处事比较孩子气。做事随性而为，情绪都写在脸上，久而久之会让上司和同事都不喜欢。所以，首先要改变自己的思路和想法，做一个真正成熟可靠的办公室一族。

选择D：你是一个非常自卑的女孩子，在办公室里面简直就像可怜虫。不管做什么事情，总是毫无原则地忍让，因此很容易遭到别人的轻视。虽然，你也曾经立志做有主见的女强人，可总不能转变为事实。

☆温馨提示☆

办公室里，如果想要得到别人的尊重，首先要学会尊重别人，并且懂得做好自己的事情。

13. 你是办公室万人迷吗

　　不管在什么地方，每个女人都想成为众人关注的焦点，都想成为"万人迷"，办公室也不例外。因为她们渴望得到男同事欣赏的眼光，也希望自己能够比身边的女同事靓丽。那么，想知道你是办公室里的万人迷吗？开始下面的测试吧！

1. 下班后，你通常选择直接回家吗？

　　A. 是。前进到第2题

　　B. 不是。前进到第3题

2. 如果送给小朋友礼物，你通常会选择哪种？

　　A. 人形玩偶。前进到第4题

　　B. 绒毛玩具。前进到第5题

3. 你喜欢什么样的电子游戏？

　　A. 联机对战。前进到第5题

　　B. 角色扮演。前进到第6题

4. 和人谈话时，你会动不动就打断他人的话语吗？

　　A. 不会。前进到第7题

　　B. 会。前进到第9题

5. 拍集体照的时候，你通常会选择站在哪个位置？

　　A. 中间。前进到第7题

　　B. 旁边。前进到第8题

　　C. 最后。前进到第6题

6. 和朋友一起吃饭，你们一半都会选择什么样的付款方式？

　　A. 轮流付账。前进到第8题

　　B. AA制。A型

7. 你最喜欢看什么类型的电影？

　　A. 恐怖悬疑片。前进到第8题

　　B. 文艺片。前进到第10题

　　C. 社会写实片。前进到第11题

8. 如果有人给你介绍对象，你会？

    A. 首先看一下对方条件怎么样。B型

    B. 半推半就。A型

    C. 直接拒绝。前进到第11题

9. 晚会上，你想成为大家关注的焦点吗？

    A. 不想。后退到第7题

    B. 想。前进到第10题

10. 一个不是太熟的朋友向你借钱，你会借给她吗？

    A. 不会。前进到第11题

    B. 会。B型

11. 如果遇到同事赞美你，你一般会怎么对待？

    A. 微笑着接受。C型

    B. 半信半疑。D型

结果分析

    A型：在办公室内，你本来就是同事眼中的焦点人物。一方面，你的工作态度和交际能力早就得到了众人的肯定；另一方面，你向来都积极主动地把握每个机会，展示出自己的各种本领。但要记住"木秀于林，风必吹之"哦！

    B型：你在办公室里具有大姐大风范，深受同事信赖和喜欢。因此，同事不管是在工作上还是生活上，一旦遇到什么困难，或者遭遇什么苦恼，都喜欢向你倾诉，用个形象的比喻来说，你就像119救火队员，随时帮助同事解决麻烦。

    C型：你工作能力很强，但是不会处理人际关系，因此你并不被同事们看好，不过却极得领导青睐。一般而言，你做事能够保持冷静，临危不惧，迅速解决问题。建议你在工作中多展示你亲和的一面，这样才容易和别人拉近关系。

D型：你在办公室里随遇而安，没有任何企图心，在你看来工作就是为了生存。因此，你在工作中就显得十分懒惰，害怕承担责任，没有一点责任感，而且平时喜欢发牢骚。建议你平时把精力多放在工作上，这样才不至于被炒鱿鱼。

☆温馨提示☆

　　每人在职场，最重要的是工作能力，如果工作能力不行，即使你是"万人迷"，也很难再得到提升。

第四章
金钱在你生命中有多重

当今社会，金钱是衡量一个人成功与否，评价一个人能力高低的重要标准。如何让自己拥有更多的金钱，是每个人孜孜以求的目标。的确，金钱能够让你的生活变得更加优越，能够让你的人生走得更加轻松。但是你有赚大钱的本能和潜力吗？你能成就自己的发财梦想吗？不妨走进本章的测试，或许能帮你洞察你是否有发财的潜质。

1. 要怎样你才能更富有

每个人的内心都有一个发财梦，女人也是，总是梦想自己有很多财富，这样花起钱来就可以为所欲为。但并不是每个人都能中500万大奖的，不过，如果能够改掉阻碍你发财的陋习，发财也不是不可能的事情。来测一下吧，看看怎样才能让自己更有钱？

如果一个人在郊区度假，突然间心情变得很糟糕，这时你会怎样调节自己低落的情绪呢？

A. 步行散心

B. 约朋友过来开party

C. 待在自己的房间里发呆

结果分析

选择A： 你是一个非常重感情的人，会在朋友或者家人遭遇困境的时候挺身而出，而且很难拒绝他们的请求。所以，有时候你会浪费自己的很多时间和精力，也极有可能被朋友拉下水去投资一些明显没有回报的项目。建议你学会拒绝别人，这样会带给你更多的坦然和从容。

选择B： 你天生是一个乐观派，但遇到痛苦和困难也偶尔会逃避。一般来讲，郁闷的时候你通常会用shopping来扫除它，可以看出，这是你致富障碍之一。另外，因为过分乐观，刚刚接触可能赚钱项目的你就好像已经赚到了一样，钱还没赚到就盘算着怎么花了。

选择C： 你是一个蛮有思想的女孩子，不过什么事情都会坚持己见，很难会被别人的说法或者新生事物打动。你的这种性格特点能为你带来安全的财务规划，但也会让你错失了一些发财的良机。

☆温馨提示☆

影响致富的因素有很多，你找到影响自己致富的障碍了吗？那么，赶快清除它吧，这样可以早些踏上致富快车。

2. 你了解自己的理财观念吗

很多女孩子对自己的理财观念都是糊里糊涂，懵懵懂懂，甚至不知道其中出现了很多的盲点和误区。你呢，了解自己的理财观念吗？知道自己理财观念中的盲点吗？来测试一下吧！

女孩子出国旅行，必定少不了购物！在跳蚤市场，你挖到不少宝贝，其中你最感兴趣的一项物品是？

A. 古董相机

B. 手工织毯

C. 古银首饰

D. 书画艺品

结果分析

选择A：你对钱财运用并没有什么原则，开源和节流，你只做前者。一般而言，你是一个在任何方面都不会委屈自己的女孩子，总是吃好的，住好的，用好的。其实，以你的眼光和品位去投资，可能会大赚一笔的。

选择B：你是一个感情丰富，心地善良，对人没有防备之心的女孩子。在消费方面，你全凭自己的感性，因此花费数目有高有低，收支常常会出现赤字。建议你在购物之前先列出预算，控制消费，可能会挽救你财政上的赤字。

选择C：你是一个很节俭的女人，认为每一分钱都来之不易，不能浪费。但是靠积累致富是一个很传统的办法，没办法有效管理金钱。如果你手头有一笔暂时不需动用的存款，建议你多寻找机会进行投资，说不定会受益很多呢！

选择D：你是一个极爱幻想的女孩子，不喜欢考虑现实的种种因素，而且提到理财，你就会感觉头疼。你不知道怎么理财，不想存银行，不敢投资，更不愿卷入股市中，所以就一直拖着。建议你找个值得信赖的人帮你打点这一切。

> ☆温馨提示☆
>
> 　　理财，不是简简单单的事情，它不仅需要经验和智慧，还需要胆识和魄力。

3. 你的钱商有多少分

　　钱商简称MQ(Money Quotient)，是一个人处理金钱以实现人生目标的能力总和，包括储蓄、投资、消费等方面的内容。钱商对于个人生活和事业的重要性不言而喻，它意味着你未来的生活品质。对于女孩子来说，拥有高钱商可以让你具有富人心态，享受高品质生活。那么，进入下面的测试，了解一下你的钱商有多少分吧！

1. 你现在的年龄属于下面那个阶段？

    A. 20～35。前进到第2题

    B. 36～50。前进到第3题

    C. 51～70。前进到第4题

    D. 71以上。前进到第5题

2. 下面哪一项与你的理财结构最接近？

    A. 10%活期储蓄；30%定期储蓄、债券等安全投资；60%股票、外汇等回报高、风险大的投资。前进到第6题

    B. 10%活期储蓄；10%定期储蓄、债券等安全投资；80%股票、外汇等回报高、风险大的投资。前进到第7题

    C. 20%活期储蓄，50%定期储蓄、债券等安全投资；30%股票、外汇等回报高、风险大的投资。前进到第8题

3. 下面哪一项与你的理财结构最接近？

    A. 10%备用金，40%存款或者国债，40%风险较低的股票。前进到第6题

    B. 10%保险，20%存款或者国债，70%风险较低的股票。前进到第**7**题

    C. 10%备用金，10%保险，60%存款或者国债，20%风险较低的
    股票。前进到第**8**题

4．下面哪一项与你的理财结构最接近？

    A. 10%家庭备用金，40%定期储蓄、债券及保险，50%股票或股
    票类基金。前进到第**6**题

    B. 20%家庭备用金，10%定期储蓄、债券及保险，70%股票或股
    票类基金。前进到第**7**题

    C. 10%家庭备用金，60%定期储蓄、债券及保险，30%股票或股票类基金。
    前进到第**8**题

5．下面哪一项与你的理财结构最接近的？

    A. 30%活期储蓄，50%定期储蓄或者债券，10%股票或股票类基金，其余留
    给下一代。前进到第**6**题

    B. 10%活期储蓄，50%定期储蓄或者债券，40%股票或股票类基金。前进到
    第**7**题

    C. 20%活期储蓄，50%定期储蓄或者债券，其余留给下一代。前进到第**8**题

6．在理财方面的决策，你一般怎么采取决策？

    A. 综合家人朋友的建议，结合个人情况和市场行情而定。前进到第**12**题

    B. 综合自己的喜好和心理需求、综合市场行情决定。前进到第**14**题

7．假设你买的股票正在疯狂下跌，似乎没有反弹迹象，你会？

    A. 清仓，越快越好。前进到第**9**题

    B. 减持。前进到第**10**题

8．假设上帝给你一个中奖的机会，你会选择下面两种方式中的哪一种？

    A. 几年之后100%可以拿到500万。前进到第**10**题

    B. 现在马上有50%的机会拿到500万。前进到第**11**题

9．你信用卡经常处于什么状态？

    A. 一般不会超支。前进到第**10**题

    B. 经常透支还常常忘记还款。前进到第**12**题

10．你家房贷情况如何？

    A. 月供超过月工资的1/3。前进到第**12**题

    B. 月供不足月工资的1/3。前进到第**13**题

11．你认为定期储蓄与活期储蓄哪个更实用？

  A．应该把更多的钱放在定期上面，因为它收益较高。后退到第10题

  B．应该把更多的钱放在活期上面，因为它更方便、灵活。前进到第13题

12．你对电脑如何看待？

  A．只要操作系统够用就行。前进到第14题

  B．要用市面上流行的、最新的。前进到第16题

13．假设30岁的你至今还没存到钱，但有一个回报高、风险大的项目，你会？

  A．借钱投资。前进到第15题

  B．放弃机会。前进到第16题

14．对于炙手可热的股市，你如何看待？

  A．抓住机会，不惜一切代价进行投资。前进到第17题

  B．按照自己的理财方式进行投资。前进到第18题

15．在子女教育方面，你会？

  A．顺其自然。前进到第18题

  B．不惜一切代价让他们取得优异成绩。前进到第19题

16．你对车有兴趣吗？

  A．认为它是消费品，没什么兴趣。前进到第19题

  B．只要有购买能力，越高级越好。前进到第20题

17．假如有机会让格林斯潘或者巴菲特做你的顾问，你会选择哪一个？

  A．格林斯潘。A型

  B．巴菲特。B型

18．你如何看待温州炒房团？

  A．他们在扰乱市场。B型

  B．这是一种投资。C型

19．你能够很好地安排自己的时间吗？

  A．不能，总感觉时间不够用。D型

  B．虽然时间很紧，但是我仍能把事情安排得井然有序。C型

20．你认为比尔·盖茨致富主要靠的是运气吗？

  A．是的。D型

  B．不是。A型

结果分析

A型：你的钱商为50～70分。一般而言，在花费方面，你认为自己买的每一件物品都有它的价值，而且你有收藏物品的嗜好。建议你不要仅仅把收藏当作一种喜好，也要把它当作一种投资。因为一旦收藏到能增值的物品，你可能会收益很多。另外，你的直觉和心理素质较高，能够应付复杂局面。

B型：你的钱商为25～50分。你是那种感情消费，毫无计划的女孩子。很多时候，你并不知道自己缺少、需要什么，但逛街回来你依旧能购买大包小包的东西，因此你常常入不敷出。建议你增强自己的自制力，在上街之前 ，一定要先确定自己需要什么，不需要什么。另外，你很有耐心，对一些新的投资方式很有兴趣。

C型：你的钱商为75～100分。在你的意识里，每一分钱都来之不易，都是用自己的血汗换来的，因此应该珍惜。不过在投资方面你很谨慎，生怕一不小心，让自己辛辛苦苦存下来的钱打水漂。其实，你可以选择一些风险低的投资项目。

D型：你的钱商为0～25分。你是那种不切实际、喜爱幻想的女孩子。理财对于你来说是一件很头疼的事情，你认为比高考都让人感觉可怕，因此在这方面你总是弄得一团糟。建议你让自己的家人或者朋友帮忙打理，这样就能减轻头疼，但记住一定要选择值得自己信赖的人。

☆温馨提示☆

古人云：吃不穷，穿不穷，算计不到就受穷。所谓算计就是我们现在所说的理财方案，那么请问你是一个会"算计"的女人吗？

4. 靠存钱能发家吗

相信每个女孩子在年少的时候都有一个小小的储蓄罐，里面装着自己攒来的硬币。那么你相信靠存钱能发家吗？不知道你平时注意没有，自己打电话的时候是怎样握话筒的，它不仅可以预知你对金钱的态度，也能够看到你将来能否储蓄到钱？

A. 用双手牢牢握住话筒　　　　**B. 握着话筒中央**

C. 一手握话筒，一手玩电话线　　**D. 握住话筒下方**

结果分析

选择A：选这个答案的女孩子在买东西方面可谓是斤斤计较，而且她们总会先把挣来的钱存上一部分。平时当朋友们问她借钱的时候，她一定会说没有带。因此，你不要指望她会请你吃饭，不过她会存很多钱，以备将来。

选择B：选择这个答案的女孩子依赖性很强，在金钱的花费方面是典型的月光族。一般而言，只要她手里有钱，就决不会亏待自己，会有多少就花多少，很难存钱。

选择C：选择这个答案的女孩子比较注重现实。在生活中，她态度谦恭、平和。虽然注重现实，但是她也会享受生活，不会因为存钱而委屈自己，因此存钱的数量适中。

选择D：选择这个答案的女孩子生活比较独立。她们希望在生活中自己能够掌握自己的命运，而且在身处逆境的时候也能够应付自如，将来成为富豪的可能性比较大。

☆温馨提示☆

怎么样，你是靠存钱就能发家的女孩子吗？如果不是的话，赶快寻找别的致富方法吧！

5. 你有着怎样的金钱观念

对于钱的看法，自古有别，譬如"君子爱钱，取之有道"。但在现在这个物欲横流的社会，金钱好像是万能的，缺了钱几乎是寸步难行。可是我们又都知道，钱是身外之物，生不带来，死不带去。凡此种种，每个人的金钱观念不尽相同，那么对钱你又抱着怎样的看法呢？不妨来做个测试吧！

日常生活细节会显露你的金钱观念。你刷牙时有什么独特的习惯，从这些习惯中就可以看出你对金钱的看法，是人生的唯一目标，还是把钱看做身外之物。那么现在来想象一下，你刷牙的时候最符合下面哪种情况？

A. 一边让水龙头开着一边刷牙

B. 慢慢仔细地刷

C. 急速三两下完毕

D. 只漱漱口就完

结果分析

选择A：无论你对金钱的有什么观点，但首先是要注意节约水资源。根据你刷牙的方式，可以看出你算得上视金钱如粪土，没有金钱和财富的观念，花钱时大手大脚，致使有时身无分文。如果你不是有巨额财富的大家子弟，就应该学会节俭了。

选择B：钱财对你来说十分重要，你不会浪费一分钱。但节约固然是好事，可为了必要的花费斤斤计较就显得有点吝啬了。通过你刷牙时的表现，可以看出你对钱有点神经质，一分一毫也不会马虎，简直算得上有点抠门。

选择C：现代社会生活节奏不断加快，因此你的行为是很常见的，而且像你这类的女孩子，对于金钱有着最现实的观念。根据你的情况，你不是浪费型，也不是抠门的人，属于普通一般型。

选择D：你如同是一个赌博成瘾而又贪心的赌徒。根据你刷牙时的表现，可以看出你好大喜功又沉迷奢华，手里有多少就花多少，旧债没有还清，又添新债，继续赌你的财运。

☆温馨提示☆

君子爱钱，取之有道。可以说现在这个社会离开钱就真是寸步难行，但只要得来的钱合理合法，再多也不为过。

6. 你是天生的守财奴吗

也许我们都还记得巴尔扎克笔下的葛朗台——那个守财奴的形象。在他的头脑中，金钱高于一切，没有钱就等于什么都完了。他对金钱的渴望和占有欲达到了疯狂的程度：半夜里把自己关在密室之中，"爱抚、把玩、欣赏他的金币，放进桶里，紧紧地箍好。"临死之前还让女儿把金币铺在桌上，长时间地盯着，这样他才能感到暖和。那么，生活中的你是个守财奴吗？

假设你是一个间谍，一次不小心和同伙一起被抓。在严刑逼供之下，警察告诉你同伙已经招认，这时你会怎么做？

A. 为了免受酷刑，招认了再说

B. 既然同伙已经招认，自己也没有必要再隐瞒下去了

C. 坚信同伙不会招供，因此自己也坚决不招

D. 同伙招认，与己无关，自己坚决不会招认

结果分析

选择A： 你喜欢摆酷、炫耀，是个虚荣心极强的女孩子。因此和朋友们在一起的时候，你的钱夹就像破了个大口子，钱一直向外流，直到信用卡用爆。因为这种性格，你常被人利用、欺骗，最后是人财两空。

选择B： 在生活中，你是那种很大方的女孩子，因此也颇受朋友们的欢迎，但这样做的结果是你常常陷入经济拮据的困境。对于自己想要的东西，常常因为钱已经花在了别处而无法实现满足自己的欲望。

选择C： 其实你非常懂得控制自己的欲望，但有时候表现出来的却是另外一种样子。用个形象的比喻来说，你现在正好是处于心理学上的肛门期，虽然已经到了不包尿布的年纪，但因为不会用厕所，总是拼命忍耐。

选择D： 从严格意义上说，你是一个非常典型的守财奴。因此，生活中朋友们总是对你敬而远之。而对你自己来说，你只会攒钱，却舍不得用，这样到头来受委屈的还是你自己。

☆温馨提示☆

作为一个人，不仅会挣钱，还要会花钱，因为钱本是身外之物，生不带来，死不带去。

7. 为了钱你可以放弃什么

现代社会，有些女人为了金钱可以放弃爱情，甚至也可以放弃亲情，放弃贞洁，放弃尊严。在她们的生命里，好像只有金钱才能够让自己生活得更加幸福和快乐，也好像只有金钱才能够给她们安全感。那么，为了金钱，你可以放弃什么？

假如魔法师给了你一个锡盒，里面装了一个会阻碍你发财的东西，你绝不能打开它，而且也不能够向别人提起！那么，你最有可能把它藏在哪儿？

A. 书架后面

B. 壁橱最深处

C. 埋在庭院里

D. 化妆镜后面

结果分析

选择A： 我们知道，书架象征着知识、能力、智慧和工作。选择这个答案的女人，为了钱可以抛弃自己喜欢的学业，抛弃自己感兴趣的工作。只要能挣钱，哪怕选择自己不喜欢的专业以及不喜欢的工作，她觉得也是一种乐趣。

选择B： 壁橱是只有家人才知道的秘密，其他朋友即使再熟也不容易看到。选择把盒子放在这个地方的女人，为了钱可以放弃家人与亲情。即使一个人寂寞孤独，但只要能够得到钱，她觉得就很值得。

选择C： 庭院属于开放的场所，代表着他人的意见和观点，代表着舆论。选择这个答案的女人，为了钱可以放弃身边所有的人，即使他人劝说也无济于事。对你来说，钱要比朋友重要得多。

选择D： 镜子代表自己，选择这个答案的女人是为了钱可以放弃自己的人，她们不管自己将来会处于什么状态，会得到什么又失去什么，但只要有钱，就会感受到安全和归宿。

☆ 温馨提示 ☆

网上流传这么一段话，很有哲理：钱可以买到房子，但买不到家；钱可以买到钟表，但买不到时间；钱可以买到床，但买不到睡眠；钱可以买到书，但买不到知识；钱可以买到性，但买不到爱……

---

8. 你赚钱的欲望有多高

赚钱是你生活中的一部分，还是占据你生活的全部。在内心深处，你对赚钱是不感兴趣，还是欲望很大？来做下面的测试吧，发掘自己内心深处赚钱的欲望。

在你还是孩子的时候，刚刚学会走路，十分想吃姐姐买来的糖，但是姐姐就是不给，这时你会怎么办？

A. 自己去拿

B. 缠着母亲帮助自己

C. 拿自己的玩具车出气

D. 不再要了，去找别的东西吃

E. 又哭又闹

结果分析

选择A：你对物质的占有欲望很强，必要时会铤而走险。你属于对自己的能力充满信心的人，时而狡猾，时而聪明地向自己的目标前进，目标达成的机会很大。但如果能听取他人的意见，目标达成的机会将增加很多。

选择B：对于钱财，你具有相当高的获得技巧，是个依靠头脑发财的人。你很狡猾，懂得利用人得到你想要的东西，达成目标的机会相当大。由于你善于讨好他人，所以周围的人很难发现被你利用，事实上，世界就是这样。但是你也要注意，你在利用别人的时候，或许别人也在利用你。

选择C：你的需要很容易满足。生活中，遇到问题你容易打退堂鼓，在目标达成之前就已经放弃。你应该学会用一些坚毅和狡猾来对付困难和不利环境。

选择D：你总是将对钱的欲望隐藏在心底，不会轻易地显示出来。这不是狡猾，而是真正的聪明。不论什么时候，你总能理性地看待和面对问题，因此你可以安全地完成自己的目标。只是，太多的谨慎，使你实现目标的时间要长一些。

选择E：你总是在提醒别人你是爱钱的，其实本质上并不是这样，你不是视钱如命的人。哭闹只是自己的表达方式。你不是狡猾的人，可是你的行动太过直率，目标达成机会比较小。你不应该总受他人影响，应学会自己做决定。

☆ 温馨提示 ☆

生活中，我们所拥有的并不少，之所以不满足是因为我们的欲望太高。

9. 测试你的花钱态度

女人几乎都是金钱的爱好者。因为有了钱可以买到流行的、时髦的、限量版的时装、鞋子、背包和首饰，还可以买到高级化妆品，来延长自己的青春，所以，很多女孩子挥金如土，在所不惜。但有的女孩子则非常吝惜，面对眼前花花绿绿的诱惑也能把紧自己的钱包。那么，你的花钱态度怎么样呢？

假如有一条大石斑鱼摆在你面前，鲜美甘醇，你实在忍不住香味的诱惑，开始享受美味。那么准备动筷子的你该从哪个地方下手呢？

A. 鱼头　　　　　　**B.** 鱼腹

C. 鱼尾　　　　　　**D.** 没有特定的地方

结果分析

选择A： 生活中的你非常节俭，平时也养成了节省的习惯。不过一旦你看到自己喜欢的东西，肯定会毫不犹豫地买下来，因为不买下来的话你就几天都难以安生。还好，因为你的品味很高，看上的东西并不多。

选择B： 你是商场大减价中最受欢迎的盲目购物者。每次去商场，遇到减价的商品你肯定走不动，非要上前看看才安心，因为便宜，不管需要不需要你都会买上一大堆，结果家里弄得好像是仓库。

选择C： 你是个标准的一毛不拔的铁公鸡。生活中，你十分吝啬，使用的东西不到非仍不可的地步你就绝对不会买新的，而且，如果不是因为有求于朋友，你绝对不会请朋友吃饭。因此生活中的你朋友很少。

选择D： 在花钱方面，你一直都是一种无所谓的态度，从来不会计较太多，看见喜欢的东西就买，而且常常把钱交给别人来打理。你认为只要自己有钱花就行，其他都不重要。

☆温馨提示☆

生活中，我们不应该做那种挥金如土的消费者，也不应该一毛不拔，最正确的做法就是做个理性消费者。

10. 有了钱，你会怎么样

生活中，我们经常可以听到这样的话语：假如我有500万，我会……你呢，是不是也做过发财梦，也梦想着拥有几百万之后会做些什么？想象一下，有了钱你会变成什么样？

你有幸来到爱丽丝所梦游的仙境，在入口处，魔术师要你许愿：可以化身为一种动物进去玩。这时你最希望变成下列哪一种动物呢？

A. 猴子　　　　　　　　　B. 绵羊

C. 猫咪　　　　　　　　　D. 大象

结果分析

选择A：你不明白在生活中金钱到底意味着什么，又承担着什么样的角色。你经常担心有钱之后会给自己带来一些负面结果，因此有钱之后你会去掌握理财知识，你知道如果总是想躲避理财的烦恼，那就没法进步。

选择B：你是个很容易满足的女人，并不期望自己有一天会拥有很多金钱。对来说，富豪的生活是充满风险而且非常可怕的。生活中的你知足常乐，不会去努力挣很多的钱。因此，与你谈论有钱之后会变成什么样也就没什么意义了。

选择C：你是那种有了钱之后会很担惊受怕的女孩子。因为有钱之后你会觉得自己有朝一日还会失去它，这样你就会饭吃不香，觉睡不好。因此，你也不会去期望很多钱，对你来说吃好饭、睡好觉足矣。

选择D：你是非常善于理财的女人，可以说你是值得大家羡慕的类型。你相信有了钱之后你可以运用自己所掌握的理财知识，能够很好地控制和利用金钱。因此，对你来说，钱并不是问题，你相信它会为你服务。

☆温馨提示☆

对于一个一穷二白的人来说，如果突然间拥有了一大笔钱，如何消费真的是个问题。因此，不如趁自己还不是很富有的时候学些理财知识吧，这样才不至于到时候措手不及。

11. 你是个理性的投资者吗

你对自己的投资做过分析吗？你认为自己的投资是理性的，还是在跟随着别人走？来做下面的测试吧，看一下你是不是一个理性的投资者。

下面每道题都有三种答案：A．完全一样；B．有些一样；C．完全不一样。请根据自己的情况做出选择。

1. 好朋友向我借钱，因为感情好，所以我一定要帮他。

2. 对股市尽管我不是很熟悉，但有可靠人指导，我会考虑买一些。

3. 我喜爱冒险性的休闲活动。

4. 对于参加投资说明会我的意愿很高。

5. 我喜欢尝试股市、基金或者期货等不同的投资方式，当行情看涨时，不惜通过借款来扩大额度。

6. 拥有家用电脑、移动电话、空气清新机、健康俱乐部会员中的任意两个。

7. 几位同事决定自己创业，两年后才能看到成果，但前景看好，你会参股。

8. 你无意间捡到一个信封，打开里面有好多钱，你会马上放入自己的口袋。

9. 超市举行抽奖活动，一万的票据可以来参与轿车抽奖，我一定会凑足。

10. 有关部门将要实行的政策，会影响到自己的利益，我一定会用合法的方式来表示抗议。

结果分析

以上各题，选A得3分，选B得2分，选C得1分。计算你的总得分。

16分以下： 你的理财能力恐怕要低于你的智力，也许你说得一口股票经，但是又不敢行动。建议你将大部分资金交给专家打理。

16～23分： 你的理财能力处于中午水平，生活中大多数人都处于这个层次，平常十分了解理财投资的重要性，但关键时刻对自己的判断能力没有信心。有时运气好可以挣到一些，可是全盘性规划不强，到头来也赚不了多少。

23分以上： 说明你的理财能力很高，对投资信息的敏感度很好，而且不容易受到市场的影响。这种人在市场转下的时候，往往能全身而退。有一点值得注意的是资金的调配，应尝试多方面投资，来降低风险。

☆温馨提示☆

在投资方式多样化的今天，投资者一定要保持理性，否则得不偿失。

12. 敢问赚钱之路在何方

　　每个人都想寻找一条赚钱的捷径，但是到底有没有捷径呢？赚钱之路又在何方？来做下面的测试吧！或许就会找到你的生财之道。

　　你做过街头促销工作吗？做过的话，回忆一下，自己当初是最先向谁推荐商品的？如果没有，想象一下，望着街头来来往往的行人，你会把希望投向哪一类人群？

A. 上班族男性，最好是中年人

B. 看起来像正在读大学的男孩子

C. 提着家居用品的家庭主妇

D. 和蔼可亲的老年人

结果分析

　　选择A：你属于典型的"朝九晚五的上班族"。生活中的你具有旺盛的挑战精神，能够迅速接受新事物，而且喜欢积极尝试新的挑战。安于工作未尝不是一条生财之道，只要你努力工作、耐心等待，你的财运就会慢慢到来。

　　选择B：选择这个答案的女孩子，不要小看自己是女生哦，你很可能成为未来的"时代英才"。生活中的你，拥有抢在时代之前的才能，是活跃的社会人。而且你善于交际，人缘极好，如果能够加以运用，便会得到成功。

　　选择C：生活中，你觉得游玩比工作更加重要。你觉得女人嘛，就应该好好地享受生活，当然你不是对工作不负责任，而是你觉得不应该把自己的大部分时间都花费在工作当中，更不应该做工作狂。其实，你的金钱欲望并不高，所以也别抱怨自己挣的少了。

　　选择D：你对自己现在的生活并没有兴趣，但是为了生存又不得不工作。无奈，只得安分守己地做个上班族。其实束缚你财运的是你的个性，建议你选择自己感兴趣的事情，这样未尝不是一条生财之路。

☆温馨提示☆

赚钱的道路有很多，但需要你用心去琢磨，选准生财之道，你的财运自然会很快降临。

13. 你能实现自己的发财梦吗

钱在现在社会变得越来越重要，没有钱，做什么事都不行。你肯定也幻想过自己中大奖吧，肯定也做过发财的美梦吧！既然是梦，终究要被现实唤醒。当回到残酷的现实之后，你觉得自己的发财梦能够实现吗？

假设你看到一个老人独自站在高楼的窗前眺望外面繁华的大街，你想他会在看什么？

A. 热恋中的情侣

B. 大街两旁的名车

C. 路边高大的树木

D. 交通信号灯

结果分析

选择A： 你是性格开朗、坦诚乐观的女人。你的发财梦原本就不是那么强烈，大概只是想想而已。因为你太乐观了，所以在你的思想里觉得发财很简单。你把问题想得太简单了，现在你最好能把目标放低一些，要切合实际。

选择B： 追求金钱是你生命中最大的愿望。你是个拜金主义者，一直在渴求过上豪华的生活，你的理财观念和能力很好，是个十分有办法的人，为了追求发财你可以不择手段。

选择C：你总把自己的发财梦，控制在可以实现的范围内，所以你很少有惊喜，也很少失望。你是个现实主义者，目标定得总是不高不低，容易实现。这种方式是可取的。主要原因是你很诚实，不张扬，对上司忠诚守信，是个不错的助手。

选择D：很少去做发财的白日梦，是个规矩的人，做事小心谨慎，胆小，绝对不会想到靠买彩票来暴富。想发大财很难，你可以做一些会计工作，在这方面你有天赋。你是一个依靠高工资致富的人，和你在一起生活会稳定并且日渐上升。

☆ 温馨提示 ☆

只要努力，任何梦想都可以变成现实。发财梦也是一样，只要你有足够的理财知识，掌握正确的投资方法，发财梦早晚有一天会实现。

14. 你可能成为"富婆"吗

你是不是也想成为渴望中的大富婆，吃的是山珍海味，住的是别墅豪宅，坐的是奔驰宝马……那么，想不想知道你有"富婆命"吗？

期盼已久的房子终于拿到钥匙了，接下来重要的工作就是装修了。仔细想一下，你会在房子的什么部位投钱最多？

A. 淋浴室的浴缸、马桶　　**B. 卧室的床**

C. 客厅的沙发、开关　　**D. 厨房和梳理室**

结果分析

选择A：恭喜，你是那种最可能成为富婆的女人。生活中的你，看起来好像一点也没有富婆的派头，但事实上，你总是能够得到财神爷的青睐，因此你的财运不错，做什么都发财，走到哪儿财运会跟你到哪儿。

选择B：你是一个非常注重品味和情趣的女人，一辈子可能都成不了财大气粗的"大富婆"，但是衣食无忧，过得是小资的生活。所以，很多人都羡慕你天生好运，不怎么努力也不用为吃喝发愁。

选择C：你是一个非常在乎享受的女人，而且非常懒惰。正是因为懒惰，当发财的机遇都到你面前的时候你也不知道去伸手抓一把，反而感叹说"发财的机会怎么轮不到我啊"，要知道，机遇只青睐有准备的人。

选择D：不认识你的人与你初次见面时，可能会认为你是一个大富婆，可惜你不是。可以说，你的财运并不好，但是只要你能够稍稍改变一下你的工作态度，加强一下责任心，或许会带来转机。

☆温馨提示☆

谁都有机会成为富翁或者富婆的，关键是你能否找到提升自己的机会，而机会就掌握在你自己手中。

15. 什么工作让你发财更快

做什么工作会让自己发财更快呢？相信这是所有女孩子经常会想到的一个问题。你是不是也想过呢？是不是也一直在寻求发财更快的工作呢？进入下面的测试吧，或许你会有所收获。

春天的公园里，开满了各种各样的花儿。欣赏完木棉之后，你又看到了郁金香，还有好多你不认识的。那么，以下四种花中，你最喜欢哪种？

A. 木棉　　　B. 玫瑰　　　C. 郁金香　　　D. 香水百合

结果分析

选择A：选择木棉花的女孩子，在生活中表现得很爽快，不会耍阴谋诡计，因为木棉花是一种很朴素的花。在交友处世方面，你喜欢直来直去，从不在背后用阴招儿，因此你不适合从事经营业。如果你具备文学艺术天分的话，写作对你来说会是个挣大钱的行当。

选择B：你是个浪漫、任性而无拘无束的女人。你颇有艺术天分，追求宽松的生存空间，你把最好的时光都用在吟诗诵词般虚幻中。请注意：你的挣钱机会不是从事体力劳动。

选择C：你是一个感情丰富的女人，你对情感十分热衷。但你做事有虎头蛇尾的毛病，如果有一天，你能做到善始善终、一丝不苟地工作的话，你就有发财的希望了。

选择D：你是一个生活态度非常严谨的女人。你的生活总是有条不紊，发型永远不会改变，喜欢洁净，有较高的审美能力和创造能力。劝你一定要选个好职业，你是个标准的"百万富婆"的坯子。

☆温馨提示☆

是不是找到了让自己发财更快的工作，那么，还等什么，赶快着手准备吧！